亲历者说 无锡山水城市建设

孙志亮 著

清华大学出版社
北京

图书在版编目（CIP）数据

亲历者说：无锡山水城市建设 / 孙志亮著. — 北京：清华大学出版社, 2020.4（2022.3重印）
ISBN 978-7-302-54513-2

Ⅰ.①亲… Ⅱ.①孙… Ⅲ.①城市规划—城市史—无锡 Ⅳ.①TU984.253.3

中国版本图书馆CIP数据核字(2019)第267524号

责任编辑：张占奎
装帧设计：陈国熙
责任校对：刘玉霞
责任印制：杨　艳

出版发行：清华大学出版社
网　址：http://www.tup.com.cn，http://www.wqbook.com
地　址：北京清华大学学研大厦A座　**邮　编**：100084
社 总 机：010-83470000　**邮　购**：010-62786544
投稿与读者服务：010-62776969，c-service@tup.tsinghua.edu.cn
质量反馈：010-62772015，zhiliang@tup.tsinghua.edu.cn
印 装 者：涿州汇美亿浓印刷有限公司
经　销：全国新华书店
开　本：185mm×260mm　**印 张**：15　**字 数**：238千字
版　次：2020年5月第1版　**印 次**：2022年3月第3次印刷
定　价：129.00元

产品编号：085088-01

我近年来一直在想一个问题：能不能把中国的山水诗词、中国古典园林建筑和中国的山水画融合在一起，创立“山水城市”的概念？

1990.7.31

现在既然明确地提出“山水城市”，那中国人就该真建几座山水城市给全世界看看……

1993.5.24

——钱学森

山水城市这一命题的核心是如何处理好城市与自然的关系。山得水而活、水得山而壮、城得山水而灵。城市有了山水而增添了活力，丰富了城市环境美。

1993.2.27

无锡山水条件优越，旅游资源丰富，要搞山水城市。

1994.1.29

我毕生追求的就是要让全社会有良好的与自然和谐的人居环境，让人们诗意般、画意般地栖居在大地上。

2003.4.16

——吴良镛

无锡

山在城中，城在湖边，

运河穿城而过，文脉源远流长。

《无锡市总体规划（1995—2010年）》把“制订山水城市建设模式，建设具有良好城市生态环境，融自然环境与人工环境于一体的现代化城市”作为总体规划的指导思想之一。

2001年10月29日无锡市委、市政府制订《“爱我无锡　美化家园”行动纲要》，把“塑造城市特色，打太湖牌、唱运河歌、建山水城，显山露水，把自然风光引入城市，构筑艺术骨架和城市景观，丰富城市文化内涵，提升城市文化品位，打造城市品牌”作为行动目标之一。

山在城中

城在湖边

运河穿城而过

惠山古鎮

文脉
源远流长
惠山古镇游

自序

2017年2月16日我从现职岗位上退了下来。回顾自己36年的工作，大部分工作时间是从事城市规划、建设和管理。历史上无锡人对山水城市的梦想，当今无锡人决策、规划及建设山水城市的历史场景，不时展现在我眼前……

无锡得天独厚的地理、人文优势，激发了古往今来无锡人打造山水城市的梦想。

崇祯七年（1634年）进士王永积在明亡后隐居无锡蠡湖边，背靠家乡的山，面对家乡的水，怀着对家乡的钟爱，写下了《锡山景物略》。书中对无锡山水的憧憬充盈于字里行间。但由于战乱初平、民生凋敝，美好梦想无法实现，只是一个山水城市的古代梦。

20世纪20年代，工商实业家荣德生先生在《无锡之将来》中提出了以蠡湖为中心的城市规划构想，“惠山、锡山之上固宜卜居，而五里湖、太湖尤足览胜。临湖筑楼，开窗远眺，见湖水共长天一色，远山如白云之在望，帆影幢幢，往来不绝。至于夕阳将下，遥见红日一轮，映入湖中，水波不兴，作金碧色。有山水之趣，无城市之喧，能爽人心神，益人智慧。”近代工商实业家造福桑梓的义举实为感人，但其对无锡山水城市之将来作如此构想更是令人赞叹！由于战乱等历史原因，这个山水城市的近代梦依旧难以实现。

20世纪50年代，市政府特邀波兰和苏联专家对无锡城市做总体规划。专家认为，凭借无锡太湖、蠡湖、锡山、惠山、湖东十二渚、湖西十八湾等构成的最佳山水组合优势，可以和瑞士的日内瓦湖比肩，由此提出打造东方日内瓦的构想，这是一个山水城市的现代梦。

无锡山在城中、城在湖边，地处太湖与长江50千米最小间距范围内，京杭大运河纵贯市区腹部，市区内与运河网状相连的大小河道密布，大小山丘、湖泊众多，最有条件建成山水

城市，以彰显独有的城市个性特色。作为世纪之交无锡大建设时代的亲历者，多年的工作经历让我越来越清晰地认识到，未来只有具有特色、个性和文化的城市才能屹立于世界著名城市之林。

为什么20世纪90年代初著名科学家钱学森先生要提出社会主义中国应建造山水城市？

为什么两院院士吴良镛先生在指导无锡总体规划修编时，要把“人居环境科学”融入总体规划，提出无锡要建设“山水城市”？

为什么《无锡市总体规划（1995—2010年）》要制订无锡山水城市的建设模式，构成开敞型、分散组团式的大城市发展格局，把无锡建设成自然环境与人工环境相协调的现代化山水城市？

为什么《“爱我无锡　美化家园”行动纲要》（2002—2004年无锡城市建设实施计划）第一条就明确城市是市民的家园，并提出“集聚和发挥无锡自然资源、人文景观等各种优势，凝聚和调动全市人民力量，为把无锡建设成为让人们引以为自豪的、能够称得起故乡的美好家园而共同奋斗”的行动宗旨，提出要

“塑造城市特色，打太湖牌、唱运河歌、建山水城，显山露水，把自然风光引入城市，提升城市文化品位，打造城市品牌”的行动目标？提出综合治理蠡湖、精心规划惠山古镇的行动内容？

为什么2004年7月市人大常委会要作出《关于保护惠山、青龙山的决定》？决定把惠山、青龙山建成无锡重要的生态休闲旅游胜地？

为什么要在市级层面成立专门工作机构（蠡湖办、惠山、青龙山保护办、惠山古镇办）具体负责统筹、协调、组织蠡湖、惠山、青龙山综合整治和惠山古镇保护建设？而不设在区级层面？

为什么沿蠡湖、太湖、惠山、青龙山要坚持开放？为什么在沿湖、沿山不是先搞项目开发建设，而是先要综合治水、系统治理“三乱”（乱开乱挖、私埋乱葬、私搭乱建），把城市和山林、河湖、农田湿地等统筹布局、整体规划建设？

为什么山水城市建设要同步融入文化建设？把文化根植于山水城市建设之中？

为什么2004年还未启动惠山古镇修复，就要提出惠山祠堂群申遗、成立祠堂文化研究会、专门制定出台惠山古镇搬迁办法，把过去拆迁办法中的“拆”改成“搬”？

为什么无锡的历届政府始终把城市环境整治改造、园林的建设和修复、文化的保护和传承、人居环境的改善和提升等放在重要位置，把无锡先后创建成国家环境保护模范城市、国家园林城市、国家历史文化名城、中国最宜居城市、最具幸福感城市和全国文明城市？

也许记录无锡为何要建设山水城市以及新世纪探索建设山水城市这段难忘的实践史，做一名无锡山水城市的解说员将是我今后一份开心的工作。

今将原载于无锡市蠡湖办编《蠡湖综合整治建设记》、无锡市政协编《亲历无锡城变迁》、市史志办编《见证辉煌无锡改革开放亲历者述忆》等几本书中及近几年我写的有关山水城市构建的文章，重新整理完善并集结成册，旨在系统介绍无锡山水城市建设思路和工作实践。希望能对家乡的各级领导及建设者在牢记使命、按照山水城市的规划蓝图不断推进中有所启迪；对广大市民特别是青少年及新市民了解无锡、热爱无锡、建设无锡，珍惜保护好无锡的山山水水有所帮助；同时又能为从事城市科学研究、文化和旅游界人士、规划师、园林设计师、环境工程师、建筑师和土木工程师以及相关专业师生提供参考。

目录

山在城中
城在湖边
运河穿城而过
文脉源远流长

无锡——宜居宜业的山水城市

孔子曰："仁者乐山，智者乐水"。

无锡，地处太湖流域，川流众多，河泽遍布，山峦逶迤，峰湾相间；山在城中，城在湖边；锡山、惠山深入城中，山体坐北向南，面向太湖；运河从南到北穿城而过，梁溪河东连运河西接太湖；城市紧邻太湖，太湖环抱城市。千百年来，无锡以水著称，以山闻名。"仁者""智者"之"极乐之地"也。

无锡有山有水，集江、河、湖、泉、洞、山于一体，有生机，有灵气，名人荟萃，经济富庶。凭借其中国民族工商业发祥地、中国乡镇企业发源地、中国经济最发达的长江三角洲地区中心城市的地位、全国十大旅游城市和全国交通枢纽等城市功能；凭借其六七千年的人类生活史、3000多年文字记载史和2500多年的建城史以及自然山水、古典园林、山水书画等文化和自然环境的城市特质，构筑山水城市的优势凸现。构筑好山水城市无锡篇，对中国经济发达、城镇及人口密集、高度城市化但土地承载能力及环境容量有限、空间开发强度大的地区以及经济目前相对欠发达但自然人文环境较好的地区，如何坚持"以人为本"，正确把握和处理经济增长、社会发展、城市建设、文化传承与自然山水、生态资源保护利用的关系、实现"天人合一"的规划理念，提升城市品质，建设有特色、可持续发展的城市具有现实指导意义和深远的历史意义。

得山水之灵气　集璀璨之文化

无锡得山水之灵气，古远的历史渗透着璀璨的文化，形成了源远流长的历史文脉。历代的文人工匠在这片土地上创造出无数人间向往、富有个性特色的诗词书画和古典园林。

文化因山水而生，历史由山水造就。无锡历史源远流长。传说早在六七千年前，无锡先民就在这块土地上劳动、生息、繁衍，过着定居生活。在鸿声彭祖墩、新渎庙墩、葛埭桥庵基墩和玉祁芦花荡等地，都有原始氏族的聚居点。无锡先民的原始文化先后属于马家浜文化、崧泽文化和良渚文化。他们以自己的智慧和辛勤劳动，创造和丰富了太湖流域辉煌的远古文化。

有文字记载的无锡历史可追溯到3000多年前的商朝末年。《史记・周本纪》载："古公亶父（周太王）有长子曰泰伯，次子曰仲雍。古公曰：'我世当有兴者，其在昌乎？'泰伯、仲雍知古公欲立季历以传昌，

图1-1 无锡梅里泰伯庙

乃二人亡如荆蛮，文身断发，以让季历。”泰伯、仲雍为遂父心愿，奔江南荆蛮之地，来到江苏太湖流域，定居于无锡梅里（今无锡梅村）（图1-1）。偌大的疆土，泰伯、仲雍为何南下选择江南无锡梅里、与当地荆蛮之地原始先民融为一体？是巧合？还是钟情江南山水和自然？我们虽不得而知，但从他们在梅里带领原始先民垦荒屯田、推行农耕、炼海煮盐、

（a）伯渎河

（b）伯渎河与古运河在清明桥交汇图

图1-2　伯渎河

制陶冶铜，可以推想，吴王泰伯是看中了江南无锡优越的地理环境和山水资源在此定居——河川纵横的水源利于农灌，起伏盘旋的山丘利于多种生物的生长，山丘黏土利于制陶，地下矿源利于冶炼，辽阔肥沃的土地利于生存。他们“穿浍渎以备旱涝”，为了灌溉、排洪，在无锡开凿了中国历史上的第一条人工河流——伯渎河，距今已有3200年历史，是隋朝京杭大运河苏南段的前身。伯渎河流经坊前、梅村、荡口，直至漕湖，全长43千米。伯渎河除了用于农田灌溉、汛期排洪，也是当时的主要水上交通通道，它还有九条分支，改“以堵为疏”。当年吴王阖闾攻楚，夫差北上伐齐，都曾把伯渎河作为要道（图1-2）。吴王泰伯在无锡梅里招募兵丁、开疆拓土，最终缔造勾吴国。吴王泰伯以周原文明教化吴地庶民，无锡成了江南文明发源地之一。

至战国时楚春申君黄歇(前314—前238年，图1-3)，在封地吴墟主事的11年中，曾主持疏浚安徽芜湖、青弋江、水阳江，浙江苕溪、云溪、从东太湖到乍浦港的平湖塘、盐嘉塘等灌水通道，苏南和上海的东江、娄江、吴淞江，加宽吴王夫差开筑的古运河苏南段，

图1-3　春申君黄歇

开挖沟通长江的申港、黄田港、望虞河、浏河、德胜河、桃花港、元河塘等，开挖或加宽、修正通洮湖、滆湖、太湖的鹤溪、扁担河、直湖港、烧香河等无数小河水港，加宽挖深从太湖东入黄浦江通东海的太浦河，使长江三角洲江南平原沃野江河湖塘相通。在惠山下筑无锡塘，治无锡湖，形成无锡老市区龟背式的水网格局，既解决水涝，又灌溉农田，且便利水上交通。历史证明，春申君为“泄水治湖之先”。《越绝书》证述：“**吴西仓，春申君所造。西仓名曰均输，东仓周一里零八步**”“**吴市者，春申君所造，阙两城以为市。**”反映当时吴地的农业、手工生产有了相当发展。《常州赋》载：“**龙尾陵道载无锡，春申君徒封，开此道以属本邑。**”春申君在无锡及周边治水筑路，修建陵道，使无锡繁盛兴旺。无锡江南水乡的特色随着经济的发展更为显现（图1-4）。

“无锡”作为一级州县行政区域名称，最早正式见诸《汉书·地理志》。汉高祖五年（公元前202）建县制，定名无锡县。

无锡得山水之灵气，古远的历史渗透着璀璨的文化，形成了源远流长的历史文脉。历代的文人工匠在这片土地上创造出无数人间向往、富有特色的诗词书画和古典园林。

图1-4　黄埠墩

中国山水画，在无锡的历史文脉中终不缺乏。中国古代十大画家中，无锡就占有两位。他们以自然山水为背景，以画抒怀，表达对家乡山水的钟爱。

顾恺之（348—409年），无锡人，东晋时期的大画家、文学家，中国古代十大画家之首，被时人称为才绝、画绝、痴绝。水墨画鼻祖之一，他画迹甚多，有《司马宣王像》《荡舟图》《凫雁水鸟图》《水府图》《行三龙图》《夏禹治水图》等数十幅。其中最著名的《洛神赋图》为《中国十大传世名画》之一（图1-5）。其画作的空间魅力在于山水远近、溪水流淌、树木山石分布和离散，成为中国和世界古代绘画艺术宝库中的瑰宝。

倪瓒（1301—1374年），无锡人，元末明初山水画代表画家，与顾恺之同为中国古代十大画家之一，开创了水墨山水的一代画风，与黄公望、吴镇、王蒙号称“元四家”（图1-6）。作品多画太湖一带山水风光，传世画作有《水竹居图》《容膝斋图》《虞山林壑图》《幽涧寒松图》等，他在描绘家乡无锡山水画作上题诗：“山色微茫好放船，秋菰野水夕阳边。西风更洒菰蒲雨，羡尔沙鸥自在眠。”把山水美景展现无遗。简约、疏淡的山水画风对明清画家产生了巨大的影响，英国大不列颠百科全书将他列为世界文化名人。

王绂（1362—1416年），无锡人，明初大画家，吴门画派先驱。擅画山水、木石、墨竹，依托无锡的山水美景画出墨竹名满天下，

图1-5　顾恺之《洛神赋图　第一卷》

存世画迹有《墨竹图》《竹鹤双清图》《潇湘秋意图》《江山渔乐图》《山亭文会图》《枯木竹石图》（图1-7）等。善画能诗，有“明朝第一”之誉，永乐元年（1403年）参与编纂《永乐大典》……

除此之外，近代无锡还出了许多书画大家及画作，有“江南老画师”之称的吴观岱的《烟波罢钓图》《江帆图》，德高望重、驰名沪宁的胡汀鹭的《梁溪八景》，在画坛堪称独树一帜的贺天健的《贺天健山水册》，秦古柳

图1-6 倪瓒《水竹居图》

图1-7 王绂《枯木竹石图》

的《古木寒鸦》以及诸健秋、钱瘦铁、钱松岩、尹瘦石、吴冠中、周怀民等一大批杰出画家及山水画作。

中国古典诗词，在无锡的历史长河中，创作者不乏其人，历代著名文学大家赞美无锡山水的诗词作品俯拾即是。

“谁能胸贮三万顷，我欲身游七十峰”——明代文徵明的一首《太湖》，将无锡的山水城市特色呼之欲出（图1-8）。

《太湖》

岛屿纵横一镜中，
湿银盘紫浸芙蓉。
谁能胸贮三万顷，
我欲身游七十峰。
天远洪涛翻日月，
春寒泽国隐鱼龙。
中流仿佛闻鸡犬，
何处堪追范蠡踪。

李绅（772—846年），唐朝宰相、诗人。在惠山寺读书时，深知农民疾苦，写下代表作《悯农》二首，世代传诵。

《悯农》二首（其二）

锄禾日当午，
汗滴禾下土，
谁知盘中餐，
粒粒皆辛苦。

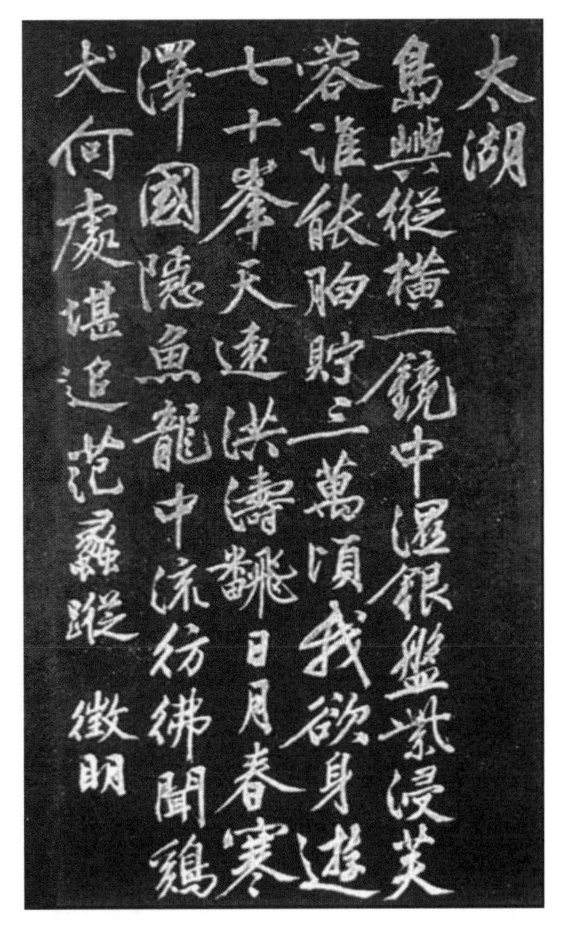

图1-8 文徵明《太湖》

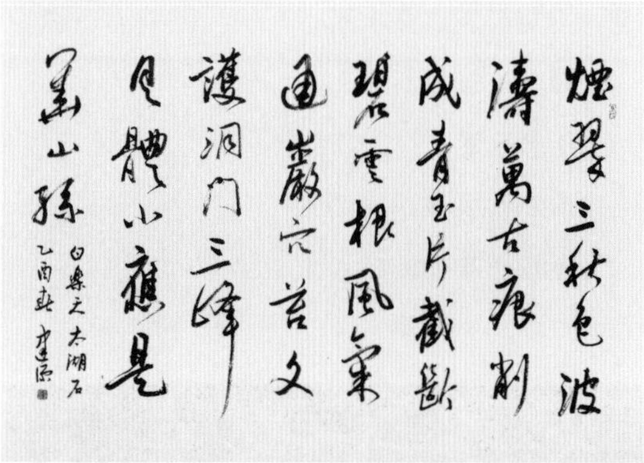

图1-9 白居易《太湖石》（王建源书）

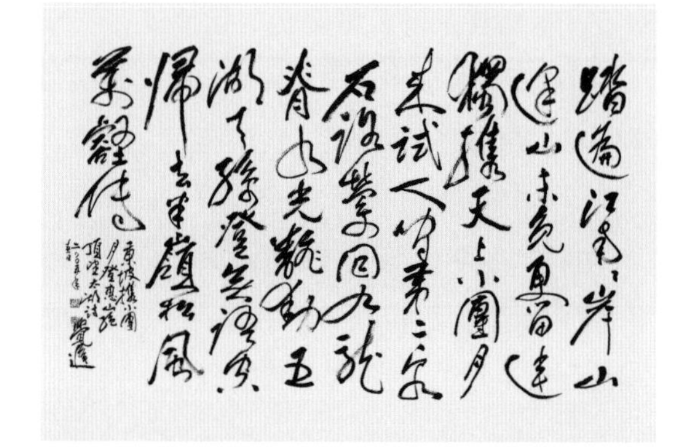

图1-10 苏东坡诗《惠山谒钱道人烹小龙团登绝顶望太湖》（吴觉迟书）

白居易（772—846年），唐代伟大的现实主义诗人。白居易所作《太湖石》，写出了太湖石玲珑剔透、千姿百态的意境。太湖石在江南园林中广泛使用，是江南园林建设中的点睛之笔（图1-9）。

《太湖石》

烟翠三秋色，波涛万古痕。

削成青玉片，截断碧云根。

风气通岩穴，苔文护洞门。

三峰具体小，应是华山孙。

苏轼（1037—1101年），号东坡居士，世称苏东坡，北宋著名文学家、书法家、画家。苏轼早年曾在杭州、湖州等地为官，他在元丰二年的诗中说“**余昔为钱塘倅，往来无锡未尝不至惠山**”，可见他对惠山是情有独钟的。所作《惠山谒钱道人烹小龙团登绝顶望太湖》，从宋代御用贡茶小龙团引出泡茶之泉水——惠山泉水为天下第二，再从泉之所在的山清水秀，赞美“明月松间照，清泉石上流”的美景（图1-10）。

《惠山谒钱道人烹小龙团登绝顶望太湖》

踏遍江南南岸山，逢山未免更留连。

独携天上小团月，来试人间第二泉。

石路萦回九龙脊，水光翻动五湖天。

孙登无语空归去，半岭松声万壑传。

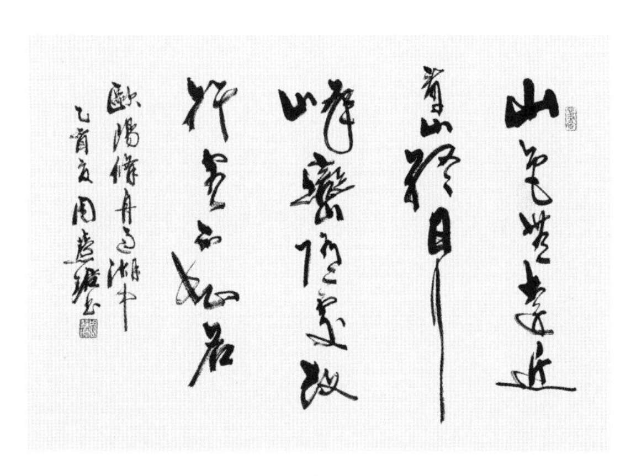

图1-11 欧阳修《舟过湖中》(周慧珺书)

欧阳修(1007—1072年),北宋政治家、文学家。诗作《舟过湖中》语言清新流畅,委婉平易,写出了舟过太湖所见山之逶迤、峰峦各异的山水美景(图1-11)。

《舟过湖中》

山色无远近,看山终日行。

峰峦随处改,行客不知名。

尤袤(1127—1194年),南宋著名诗人、藏书家。祖父尤申,父尤时享,治史擅诗。自小受家学熏陶,五岁能为诗句,十岁有神童之称,十五岁便以词赋闻名于毗郡(今常州,时无锡属毗陵)。尤袤文集,据《宋史》记载有《梁溪集》五十卷等,但均早佚。清人尤侗辑尤袤古今体诗四十七首,杂文二十六篇,汇成两卷,为《梁溪遗稿》。

《瑞鹧鸪》

梁溪西畔小桥东,落叶纷纷水映空。

五夜客愁花片里,一年春事角声中。

歌残玉树人何在,舞破山香曲未终。

却忆孤山醉归路,马蹄香雪衬东风。

赵孟頫(1254—1322年),元初著名书画家,他经常在杭州和无锡之间流连游玩,也曾专为惠山泉书写了“天下第二泉”并赋诗。诗作《夜泊伯渎》,写出了伯渎河朦胧的夜色里,灯影月影交相辉映,在水波粼粼处,传来了棹声渔歌,万家灯火的美妙夜景。

《夜泊伯渎》

秋满梁溪伯渎川,尽人游处独悠然。

平墟境里寻吴事,梅里河边载酒船。

桥畔柳摇灯影乱,河心波漾月光悬。

晓来莫遣催归棹,爱听渔歌处处传。

华淑,明代无锡人,在《五里湖赋》(图1-12)中把无锡蠡湖与杭州西湖相比,认为蠡湖“以旷、以逸、以莽荡、以苍凉著称,更为悦目爽神”。

《五里湖赋》

西湖之胜，以艳，以秀，以嫩，以园，以堤，以桥，以亭，以祠墓，以雉堞，以桃柳，以歌舞，如美人焉！

五里湖以旷，以老，以逸，以莽荡，以苍凉，侠乎！而于雪，于月，于长风淡霭，则目各为快，神各为爽焉！

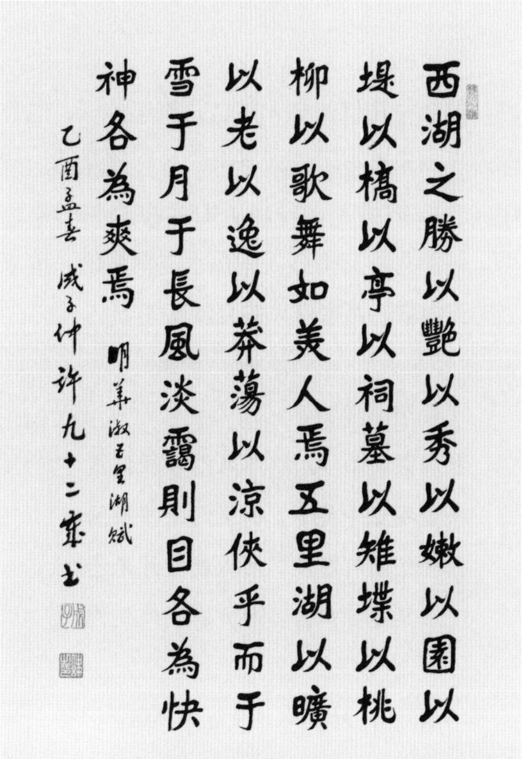

图1-12 华淑《五里湖赋》（仲许书）

另有东晋顾恺之《神情诗》、宋代范仲淹《过太湖二首》、宋代苏轼《无锡道中赋水车》、元代倪瓒的《溪亭山色图题诗》、明代李湛《太湖春涨》、明代唐寅的《泛太湖》、明代王永积的《五里湖》等，举不胜举的古代诗词把无锡的山、水、湖、河美景描绘得淋漓尽致。

无锡名人荟萃，正可谓一方水土养一方人。青山绿水滋润着无锡人家，孕育出举不胜举的文人志士、古今才智。

除前述的古代画家顾恺之、倪瓒、王绂，古代文学家李绅、尤袤以外，还有历朝历代英才志士，文韬武略，傲视大地。

李纲（1083—1140年），号梁溪[①]先生，无锡人，“南宋四名臣”之一，抗金英雄。李纲能诗文，写有不少爱国篇章。亦能词，其咏史之作，形象鲜明生动，风格沉雄劲健。著有《靖康传信录》《梁溪词》以及《梁溪全集》180卷等。

顾宪成（1550—1612年），无锡人，明代思想家，东林党领袖，因创办东林书院而被人尊称“东林先生”。东林书院名联：“风声雨声读书声声声入耳，家事国事天下事事事关

①
梁溪：无锡之别称。

图1-13　挂在东林书院依庸堂的名联

心”就出自于其手（图1-13）。以顾宪成为首的“东林八君子”在东林书院讲学20余年。他们以批评朝政腐败，批评朝廷政策，关心社会问题，关心百姓生活为宗旨，对明朝政治进程起到重要影响。

图1-14　徐霞客

徐霞客（1587—1641年，图1-14），无锡江阴人，明代地理学家、旅行家和文学家，地理名著《徐霞客游记》的作者，被称为“千古奇人”。徐霞客一生志在四方，足迹遍及今21个省、市、自治区 。“**达人所之未达，探人所之未知**”，记录观察到的各种现象、人文、地理、动植物等状况。他经过30年考察撰成的60万字《徐霞客游记》，开辟了地理学上系统观察自然、描述自然的新方向，在国内外具有深远的影响。《徐霞客游记》开篇之日（5月19日）被定为中国旅游日。

图1-15　孙洙编选的《唐诗三百首》

蘅塘退士（1711—1778年），生于无锡，原名孙洙，字临西，一字芩西，号蘅塘，晚号退士。他编选的《唐诗三百首》（图1-15），是迄今为止所有中国文学作品选中流传最广、影响最大的一个选本，“几至家置一编”，产生了极大的社会性效应。《唐诗三百首》收录77家诗，共313首，在数量上以杜甫诗最多，有38首，其次是王维29首、李白27首、李商隐22首。蘅塘退士也是一位著名的清官，他在多地做过知县，“每去任，民皆攀辕泣送”。

薛福成（1838—1894年），无锡人，近代散文家、外交家、洋务运动的主要领导者之一、资本主义工商业的发起者。一生撰述甚丰，著有《庸庵文编》四卷、《续编》二卷、《外编》四卷等书。其《出使日记》及续刻已被编入《走向世界丛书》，在政治、思想、军事、外交、赋税、文学方面对社会进步产生巨大影响。

无锡的文学英才灿若辰星，在近现代还有清初文坛诗人严绳孙，大词家陈维崧、顾贞观等，著名作家、无锡江阴籍的刘半农、胡山源，著有现代文学经典之作《围城》的无锡籍著名学者、作家钱锺书等。

在科学技术方面，无锡人才同样为世人瞩目。被称为我国近代化学先驱的徐寿，为近代数学发展作出卓越贡献的华衡芳，著名教育家、水利科学家、现代科教文明先驱胡雨人，我国力学、应用数学、中文信息学奠基人之一的钱伟长，理论物理、流体力学家、教育家周培源，被称为当代毕升的计算机专家王选，机器人专家蒋新松等均为我国科技界的无锡籍杰出人物。

在社会科学方面，版本目录学家、儿童文学家孙毓修，语言学家、翻译家、医学家丁福保，著名学者、藏书家、校勘家缪荃孙，国学大师钱穆，近代教育先驱唐文治，社会教育先驱俞庆棠，著名的教育家蒋南翔，著名的科学家、教育家顾毓琇等都是享誉全国的大师级人物。还出现了以陈翰笙、孙冶芳、薛暮桥为代表的经济学家群体。

无锡还出现了政治家、革命家秦邦宪和王昆仑、陆定一，国家副主席荣毅仁，以及杨宗濂、杨宗瀚、荣宗敬、荣德生、祝大椿、周舜卿、唐保谦、薛南溟等工商实业家。

无锡还是民族民间音乐之乡。民间音乐江南丝竹在无锡十分流行。道教音乐也非常有名。第一部正式刊印琵琶曲谱集的无锡籍音乐家华秋苹，对中国民族音乐的收集、考订、整理、传播作出了巨大的贡献。无锡江阴籍音乐家刘天华是20世纪民族乐坛升起的一颗巨星。他创作的《良宵》《空山鸟语》《月夜》《病中吟》《歌舞引》等作品均成为脍炙人口的传世名曲。民族乐坛的另一颗巨星就是创作出世界十大名曲之一《二泉映月》的华彦钧，百姓俗称“瞎子阿炳”（图1-16）。他创作的《二泉映月》是一首千古不朽的名曲。他还创作了二胡曲《听松》《寒春风曲》和琵琶曲《龙船》《大浪淘沙》《昭君出塞》等名曲。此外，组织抢救阿炳乐曲的杨荫柳、《歌唱祖国》的作曲家王莘也是著名的无锡籍音乐家（图1-17）。

图1-17 《歌唱祖国》作曲家王莘故居

当代中国网络通信英才也与无锡有缘。华为的创始人任正非是无锡人的女婿，其岳父孟东波是无锡甘露人。创办阿里巴巴的马云，其母崔文彩1964年前后来到无锡县评弹团工作时马云正孕腹中，某种意义上说，马云也是在无锡孕育的。

图1-16 阿炳雕塑

无锡的山水沃土还造就了历史上五大状元。蒋重珍（1188—1249年），南宋无锡胡埭人，南宋嘉定十六年（1223年）无锡历史上第一个状元，官至刑部侍郎。孙继皋（1550—1610年），明朝双河（今无锡山北）人，明代万历二年（1574年）状元，官至吏部侍郎。邹忠倚（1623—1654年），清朝西宅（今无锡新吴区）人，顺治九年（1652年）高中状元及第，授翰林修撰，留下了《雪蕉集》和《箕园集》等著作。王云锦，无锡城中石皮巷人，清康熙四十五年（1706年）状元，在康熙、雍正两朝为官，参加编纂《康熙字典》。顾皋（1763—1832年），清朝无锡张泾人，明代东林名士顾宪成的后裔，嘉庆六年（1801年）高中状元及第。出任贵州学政，授读四阿哥；历任内阁学士、礼部左侍郎，著有《墨竹斋诗古文》十卷，著名状元书画家。

无锡建筑业人才济济。清华大学建筑史专家赖德霖教授的《近代哲匠录》中共收录了民国时期建筑师250人，其中无锡籍建筑师有22人。无锡在当时只是一个县，人口仅占全国人口的0.45%，却有全国8%的建筑名家！这批无锡先贤建筑师，接受了近代科学技术文化的传播和影响，在中国建筑史上留下了众多作品，影响着中国近现代建筑事业，创造了不少“第一”和“之最”。这些建筑名家是：陈登鳌、戴念慈、过养默、过元熙、胡璞、胡燕君、华揽洪、华南圭、刘炜、浦海、施德坤、孙立己、滕熙、王虹、虞炳烈、章周芬、赵深、周曾祚、朱士圭、吴若瑾、江应麟、江一麟。

人杰地灵的无锡真是个神奇的地方。这归功于它的山水形制——有山有水有人才。正如荀子曰“山林川谷美，天材之利多，是形胜也。”无锡，形胜之地也。

形胜之地的无锡自古至今英才辈出，群星灿烂。他们以自己杰出的成就照亮中华大地，他们为无锡增光添彩，他们的才华与业绩留名青史，彪炳千秋。

中国的造园艺术，以追求自然精神境界为最终和最高目的，从而达到“虽由人作，宛自天开”的审美旨趣。

无锡的古典园林更是闻名遐迩。在江南园林中可与苏州园林比肩且以真山真水为背景而略胜一筹，所造之园不仅技术高超、艺术精湛、风格独特，还是古代哲学思想、宗教信仰、文化艺术等的综合体现。

无锡最著名的园林有寄畅园、鼋头渚（图1-18）、蠡园（图1-19）、梅园（图1-20）、公花园、锦园、佚园和云邁园等。其中鼋头渚、蠡园、梅园、锡惠公园、寄畅园（图1-21），位于首批国家重点风景名胜区太湖风景名胜区内。这些园林与苏州园林的相同之处是大多原为私家花园，不同之处是无锡的园林大多是依托真山真水造园。

鼋头渚，是无锡太湖梅梁湖东岸由山势余脉伸入湖中的一个天然石渚，因巨石突入湖中形状酷似神龟昂首而得名。明代以前，鼋头渚已为人们所向往。茂林修竹、悬崖峭壁、摩崖石刻、同太湖水辉映成趣。园内留存古迹颇多，有萧梁时建的“广福庵”；有明末东林党首领高攀龙鼋头渚边濯足遗迹；有清末无锡知县廖伦在临湖峭壁上题书“包孕吴越”和“横云”两处摩崖石刻；有始建于1931年的“横云山庄”及1975年根据郭沫若先生诗句“太湖佳绝处，毕竟在鼋头”手迹制额的“太湖佳绝处”门楼；有雄峙于充山半山腰，建成于1931年，建筑仿宋、明宫殿式面阔五间的澄澜堂，其“澄澜堂”匾额，为清末无锡华世奎所书，两旁的对联由陈夔龙所书；另有建于20世纪30年代的万浪桥、湖山真意等。鼋头渚靠山面湖，山水组合层次丰富。

蠡园，地处风光秀美的蠡湖之滨。蠡湖原名五里湖，是太湖伸入无锡的一个内湖。相传春秋时越国大夫范蠡偕美人西施泛舟于此，湖因人而得名，园因湖而得名。蠡园三面环水，远眺翠嶂连绵，近闻长浪拍岸；南堤春晓，桃

图1-18　鼋头渚

图1-19 秦古柳《蠡园长廊》

红柳绿；枕水长廊，步移景换；亭台楼阁，层波叠影。当代大文豪郭沫若咏有佳句：“欲识蠡园趣，崖头问少年”。民国初年，青祁村人虞循真在蠡湖畔建有青祁八景，号称“山明水秀之区”。1927—1936年，王禹卿父子在“青祁八景”原有基础上建蠡园；1930年，陈梅芳在蠡园西侧建占地六十余亩的渔庄；1936年，王禹卿之子王亢元又在蠡园旁拓地十余亩，建凝春塔、湖心亭、颐安别业等建筑。1952年政府建百米长廊连接蠡园和渔庄，并称蠡园。

梅园，东接横山，南临太湖，背靠龙山九峰。中国民族工商业家荣德生（原国家副主席荣毅仁之父）本着“为天下布芳馨”之宏愿，于1912年在此购地筑园，倚山植梅，以梅饰山，称为“梅园”。园中洗心泉凿于1916年，荣德生先生专门为它取名“洗心泉”，意为“物洗则洁，心洗则清”；天心台建于1914年，源于“梅花点点皆天心”之意，台前耸立三峰太湖石，酷似“福、禄、寿”三字，故称“三星石”。天心台南有峰太湖石，相传宋代大书法家米芾任职丹徒时，此石即为其园中之物，后人称之曰“米襄阳拜石”。香海轩建于1914年，荣德生先生以银50两托人觅得康有为手书“香雪海”额。1919年8月，康有为来游梅园，见此系他人伪作，乃挥毫重书“香海”。但后来原匾遗失。1991年在南京博物院

图1-20　梅园

找到康有为原书手迹，重新制匾，悬于轩内。梅园围绕梅花的人文精神品格，将中国传统文化和现代造园艺术相融合。

公花园，1905年由无锡一些名流士绅倡议并集资，在城中心原有几个私家小花园的基础上，建立了无锡的第一个公园，也是我国第一座由国民自己建造的公园。该园自建立之初至今100余年，始终坚持一个原则——不收门票，也不针对任何人设立门槛。在公园建立后不久，无锡市民按照自己的习惯给予其昵称“公花园”。该公园被园林界公认为是我国第一个具备现代公园意义和功能特征的公园，故称“华夏第一公园”。公花园建成后5年，孙中山先生在南京就任中华民国临时大总统。他所倡导的“天下为公”为“公花园”的诞生作出了最好的诠释。“公花园”目前尚存的文物古迹、重要纪念建筑物有22处，其中有宋代石质饮马槽、明代绣衣峰、筑于100年前的龙岗、怀素《四十二章经》碑刻，以及历代著名书画家的碑刻作品等。

锡惠公园及惠山古镇，坐落于无锡城西。被乾隆皇帝誉为“江南第一山”的惠山，古称历山、华山、西神山，其山形犹如九龙腾跃，故又名九龙山。锡山是惠山的余脉，无锡地名的来历与锡山有着特殊的渊源。早在六七千年前的新石器时代，锡山就有先民在此居住生活，闪

图1-21 寄畅园

耀着马家浜文化的光芒。秦始皇曾在此屯兵驻戍，留有秦皇坞等遗迹。后汉有樵客在锡山得碣石，其铭曰：“有锡兵，天下争；无锡宁，天下清。”为无锡地名来历平添神奇色彩。据传战国时期，惠山春申涧就是黄歇当年放马饮水的地方；梁代刘宋的司徒右长史湛十分欣赏惠山的优美景色，认为：“离离插天树，磊磊间云石”的环境，可以“持此怡一生”，所以特地在惠山东麓建造了“历山草堂”；东晋时，建造了以孝道闻名于世的华孝子祠；唐、宋佛教石雕艺术——古经幢；北宋文豪苏东坡品茶的漪澜堂和著名词人秦少游的坟墓；宋代宰相李纲时期所建的金莲桥；始建于明代的龙光塔、竹炉山房、忍草庵、碧山吟社……锡惠名胜荟萃了无锡地区丰富的历史人文景观和品类齐全、颇具山麓园囿特色的风景资源，时跨数千年。以天下第二泉（图1-22）、寄畅园等名泉名园为代表的大批名胜著称于海内外。最能显现中国历史文化的还有举世无双的惠山祠堂群。祠堂群依山傍水，上百座祠堂毗邻接肩。从唐宋起，一些名门望族便先后在这里兴建祠堂；到了明末清初，无锡依托古运河，成为南北商贸中心、交通要冲，人员往来更加频繁。康熙、乾隆南巡每次又必上惠山，加上历代官府敕封或恩准一批官吏名士在此立祠，更是推波助澜；无锡工商业的兴盛，又为祠堂文化添上

图1-22　天下第二泉

了城市商业文明的精彩一笔，大批外地姓氏以及一部分姓氏的支系也纷纷择地建祠。在这些古祠堂群中，名声显赫而为读者熟知的政坛人物，有周代奔吴的泰伯，春秋的钱武肃王，战国的春申君，唐代名将张巡，宋代民族英雄李纲、范仲淹，明代的秦金、邵宝、顾可久（海瑞的老师）。文人高士中的重量级人物则有东晋画神顾恺之，唐代的“茶圣”陆羽，元代大画家倪云林等。祠堂因地制宜，借锡山惠山之景，按照古典园林造园手法，叠山理水，一座祠堂就是一座“小园林”，蔚为大观。祠堂种类有神祠类、先贤祠类、墓祠类、寺院祠类、忠孝节义祠类、宗祠类、专祠类、书院祠类、园林祠类、行会祠等十大类，惠山古镇一直享有无锡“露天历史博物馆”的美称。联合国教科文组织世界遗产委员会官员来此考察后都为之震惊，称惠山祠堂群实为举世无双！

无锡的著名园林还有工商实业家荣宗敬1929年所建锦园，杨味云1902年所建云薖园以及1921年秦毓鎏所建的佚园，均是无锡古典园林的代表。

无锡的山水吸引了历史上无数名人在此留足，无论是游历无锡山水，还是致仕归田，都抒发了他们对无锡山水的钟爱以及依依乡愁。

山水兼备且富庶的无锡，是大自然对其的恩赐，是理想的诗意栖居之地。

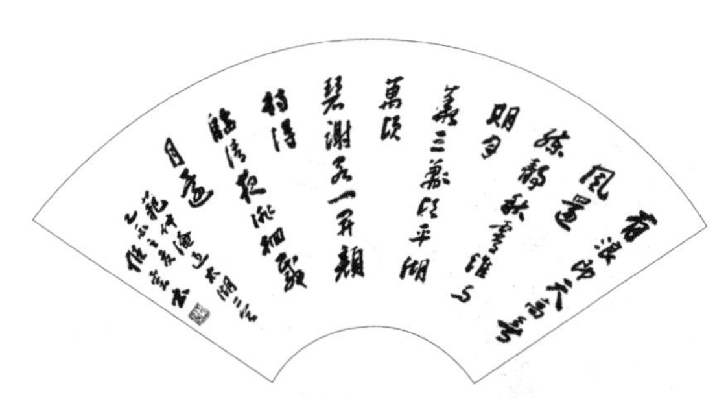

图1-24　范仲淹《过太湖诗二首》（储云书）

名人志士所到之处，建庙塑像，造园刻石题字，留下了众多文物古迹，令后人仰慕备至。

陆羽（733—804年），唐代著名的茶学家，被誉为“茶仙”，尊为“茶圣”，祀为“茶神”（图1-23），以著世界第一部茶叶专著——《茶经》而闻名于世。他对茶叶有浓厚的兴趣，长期调查研究。上元初年（公元760年），陆羽曾寓居无锡，对清冽甘美的惠山泉水倾心不已，后来品评天下泉水，惠山泉位列第二，天下第二泉的美称由此产生。由于他对二泉和惠山的欣赏，无锡人便将他供奉在惠山二泉之畔，**“一瓣佛香炷遗像，几多衲子拜茶仙”**。

范仲淹（989—1052年），谥号范文正，北宋名臣、政治家、文学家、军事家，有《范文正公集》传世。据《范氏家谱》记载，范氏第八世范拱于元二十八年（1692年）从浙江迁居无锡繁衍生息。如今无锡惠山古镇保留着范文正公祠。其**“先天下之忧而忧，后天下之乐而乐”**名句传诵千古，并留下赞美太湖的《过太湖二首》（图1-24）**“有浪即天高，无风还练静。秋宵谁与期，月华三万顷。”“平湖万顷碧，谢客一开颜。待得临清夜，徘徊载月还。”**

文天祥（1236—1283年），南宋末政治家、文学家、爱国诗人，抗元名臣、民族英雄。据《宋史》记载，**“宝祐四年，文天祥二十而举进士，游于江南，过惠山，寓梁溪**

图1-23　陆羽烹茶图

居，先朝故相李纲之隐所也；德祐初年，天祥麾军至锡，至虞桥，血战两日；德祐二年，北兵困临安，谢太后使天祥如元军请和，及无锡，恐南人劫夺，幽于黄埠墩。锡人闻文丞相过，持香跪送，哭声震天，鞭之莫散。天祥感泣，口占《过无锡》”。文天祥三过无锡，英名传世……康熙、乾隆皇帝先后都六下江南，每次必访惠山，留下了康熙帝惠山景物诗七首，乾隆有御题九十八首。其中乾隆誉惠山为“天下第一山”“惟惠山幽雅娴静”（图1-25）为众人所知与所见。乾隆还指定惠山寄畅园为巡幸之地，喜其幽致，并携图以归，在北京清漪园万寿山东北麓仿建惠山园（今颐和园中谐趣园）。

无锡山水的幽雅闲静，更是达官贵人隐居的不二选择。

图1-25　乾隆题字“惟惠山幽雅娴静”

①②
五里湖、五湖：蠡湖。

范蠡（公元前517—前448年），春秋战国末期的政治家、军事家和经济学家，在助越灭吴后急流勇退，遂偕西施隐姓埋名、泛舟五里湖[①]，遨游于七十二峰之间，写就了中外历史上第一部《养鱼经》（图1-26）。唐代周昙在《春秋战国门·范蠡》中这样称道：**“西子能令转嫁吴，会稽知尔啄姑苏。迹高尘外功成处，一叶翩翩在五湖[②]。”**

东汉时梁鸿（生卒不明），出身官宦人家，父早亡，少年为孤。梁鸿家贫而尚节，博览无不通。淡泊仕途，拒绝高官厚禄，偕妻隐居。他们从关中到关东，从关东到齐鲁，在洛阳时

图1-26　范蠡教民养鱼（金家翔画）

图1-27　梁鸿孟光举案齐眉雕塑

一首《五噫歌》得罪汉章帝，便偕妻孟光隐姓埋名，四处隐匿，终不得安生，最后隐居于无锡鸿山之麓的鸿隐堂，才演绎了"举案齐眉"夫妻和谐的美谈（图1-27）。

高攀龙（1562—1626年），世称"景逸先生"，明朝政治家、思想家、东林党领袖之一。著有《高子遗书》12卷等，万历十七年（1589年）中进士。高攀龙上疏参劾首辅王锡爵，被贬广东揭阳典史。万历二十三年（1595年），高攀龙辞官归家，在蠡湖边建"可楼"水居，隐居27年。

王问（1497—1576年），江苏无锡人。自幼聪慧，9岁能诗文，且喜绘画。后就学于邵宝创办的二泉书院，并拜其门下，闭门读书30年。正德十四年（1519年）中举，嘉靖十七年（1538年）进士。初授户部主事，监徐州仓，后调南京兵部任车驾郎中。此后王问又调任广东佥事，赴任行至桐江（今浙江桐庐县），因思念老父，决心不再南下，弃官回无锡，终养其父。从此，他淡于仕进，留恋湖山林泉。在无锡惠山听松庵之侧（今听松坊）、城东熙春门外绿罗庵旧址（今绿塔路附近）和五里湖南岸宝界山麓等处均筑有别业。他隐居在宝界山房（又称湖山草堂）的时间最长，30年不履城市。嘉靖三十三（1544年）年曾同秦翰、顾可久、华察、王石沙等重修惠山的碧山吟社，结诗社于其间。71岁高龄时（1567年）所书《湖山歌》碑石一方，现留存在鼋头渚憩亭，山崖上还有他的"天开峭壁""鼋头一勺""劈下泰华"刻石……

还有致仕归田的尤袠、顾可久、王永积，上书辞免的教育家邵宝、华察、严绳孙、顾贞观等都选择家乡无锡作为退隐之地。

山水兼备且富庶的无锡，是大自然对其的恩赐，是理想的诗意栖居之地。

钱学森构想的山水城市模式

世纪之交，中国的经济和社会正处在"转型期"，世界关注着中国的城市化发展道路和城市发展模式。

钱学森，人们心中的世界著名科学家，空气动力学家，"中国航天之父"和"中国导弹之父"。却是他，在中国城市发展的十字路口，首先提出了"山水城市"的概念，提出了这一具有中国特色的未来城市模式。早在1958年3月1日，他就在《人民日报》上发表了题为《不到园林，怎知春色如许——谈园林学》，把中国的园林和传统山水画联系起来，提出了将园林学和建筑学定位于美学艺术和工程技术之间，并提出对山水城市的研究，应该先从园林角度着手，然后再提升至城市乃至国家层面。他提出的“要以中国园林艺术来美化城市”，就是“山水城市”理念之雏形。1990年7月31日，钱学森先生给清华大学吴良镛教授的信中首次提出“山水城市”的概念。

我近年来一直在想一个问题，能不能把中国的山水诗词、中国古典园林建筑和中国的山水画融合在一起，创立“山水城市”的概念?

山水城市的设想是中外文化的有机结合，是城市园林与城市森林的结合，山水城市不该是21世纪的社会主义中国城市构筑的模式吗?

现在既然明确地提出“山水城市”，那么中国人就该真建几座山水城市给全世界看看……

城市建设要全面考虑，要有整体规划，每个城市都要有自己的特色，要在继承的基础上现代化。

——钱学森

他希望能借鉴中国古代园林建筑的手法，去改变我国城市中千城一面，“方盒子式的高楼林立，放眼望去‘只见一片灰黄’，没有城市特色”的局面。

在钱学森先生的倡议下，中国城市科学研究会、中国城市规划学会和中国建设文化艺术协会环境艺术委员会经过周密的筹备，于1993年2月27日在北京召开了“山水城市座谈会”。钱学森对此次多学科专家、学者参加的会议寄予很大的希望，与会的城市科学、城市规划、园林、地理、旅游、建筑、美术、雕塑方面的专家和学者27人先后发言，他在此次大会上也作了书面发言《社会主义中国应该建山水城市》，他在发言中说：“山水城市的设想是中外文化的有机结合，是城市园林与城市森林的结合，山水城市不该是21世纪的社会主义中国城市构筑的模式吗？我提请我国的城市科学家们和我国的建筑师们考虑考虑。”这次“山水城市座谈会”开得很成功，会议对钱学森“山水城市是21世纪的社会主义中国城市构筑的模式”这一理论的科学性和可行性给予高度评价。之后的三年，每年都召开一次与山水城市有关的座谈会，以此推进对山水城市理念和模式的探讨逐步深入。

“山水城市座谈会”以后，钱学森先生对山水城市建设的推进又提出了一系列构想，山水城市不光是**“中国的山水诗词、中国古典**

园林建筑和中国的山水画的融合”，还提出“**山水城市的设想是中外文化的有机结合，是城市园林和城市森林的结合**”等。

1993年5月24日，钱学森先生在给中国城市科学研究会副秘书长鲍世行的信中说：“现在既然明确地提出‘山水城市’，那么中国人就该真建几座山水城市给全世界看看……”他反复强调：“城市建设要全面考虑，要有整体规划，每个城市都要有自己的特色，要在继承的基础上现代化。”

钱学森先生提出“山水城市”的理论有其坚实的基础，它的出现，绝非偶然。

在中国传统理论中，“山水城市”的思想雏形可追溯到几千年前的中国风水学说，中国历史上著名的地理学家、堪舆家汪藏海[①]，对山水和建筑的关系用风水理论诠释，主持修建了明代宫殿、三陵（长陵、献陵、景陵）等，在我国建筑史上留下了光辉的一页。山水城市在西方城市发展理论中，可以从英国埃比尼泽·霍华德的“田园城市”[②]理论中找到其思想共同点。随着19世纪上半叶工业革命的基本完成，英国取得了社会经济和城市化井喷式的发展成就，跃升为当时世界上最强大的国家。但是由于当时人们缺乏保护自然环境的意识，只一味地追求生产力的发展，在城市经济、建设繁荣的背后，城市的发展潜伏的许多问题很快就在19世纪后半叶集中爆发了。首先是环境问题大规模爆发，泰晤士河被工业污水污染，让英国遭受了4次恐怖的霍乱肆虐，造成了巨大的人员和财产损失；

①

堪舆家：风水先生，也称风水家。明代堪舆家汪藏海（小说《盗墓笔记》中提到的人物），设计建造了明宫、曲靖城（曲靖市）等明代城市建筑，传说到过澳门。他是明初有名的地理家，深得朱元璋信任，参与了明祖陵的修建。其人物原型吴中（1373—1442年），明代永乐、洪熙、宣德、正统四朝工部尚书，曾任刑部尚书和兵部尚书，北京明代宫殿、三陵（长陵、献陵、景陵）多为其主持修建，在我国建筑史上留下了光辉的一页。早年拜日本来华学问僧为师学习，在这期间他接触得到唐代后失传的阴阳学和风水学，对于他未来的发展有很大的帮助。其墓后被乾隆《武城县志》列为武城十六墓之一。

②

“田园城市”：埃比尼泽·霍华德的著作*Garden Cities of To morrow*自从被翻译为中文并引入中国后，关于“Garden City”究竟应译为田园城市还是花园城市，这一关乎理论核心思想的问题始终众口难调。通过对霍华德原著的深入研读，从Garden City理论背景的研究、规划方案的剖析、理论本质的解读、霍华德城乡观的挖掘、著作命名逻辑的分析五个方面进行探究，并在此基础上得出结论：一方面，霍华德提出Garden City理论的初衷是为解决当时日益严重的城市问题提供一种社会改革的“正确的思想体系”，他在构建的理想城市Garden City上寄托了对美好城市新生活的向往，“garden”代表了英国居住生活的传统；另一方面，“田园城市”这一译名，为Garden City理论带来新的更深的误解。因此，唯有还原Garden City思想的本质，才能回归霍华德的本意，从而准确地传达Garden City理论的思想内涵。

煤炭等化石燃料的燃烧产生了大量烟尘、湿雾和有害气体，严重破坏了英国的空气环境，毒雾极大地危害了人的身体健康。其次是住宅问题恶化，城市人口爆炸性增长，占城市人口很大比例的中下层人民只能居住在拥挤不堪、环境恶劣、市政基础设施落后的贫民窟中。再次是人口单向流动，城市产生大量失业者，城市环境进一步恶化；同时，乡村土地无人耕种，乡村面临比城市拥挤更为严重的乡村衰竭问题。埃比尼泽·霍华德的Garden City理论，为当时英国解决城市问题提供一种社会改革的“正确的思想体系”，他在构建的理想城市Garden City上寄托了对美好城市新生活的向往。

在中国古代“风水理论”和英国霍华德Garden City理论的基础上，钱学森把近代城市科学的研究提升到一个新的、更高的层次——复杂巨系统，发展性地提出了具有中国特色城市构建模式的“山水城市”概念。城市规划专家鲍世行在《钱学森论山水城市》一书中这样认为，钱学森提出“山水城市”的理论依据是“**不能局限于‘还原论’**[①]**，这种思想是阻碍科学发展的，不能准确地更深入地认识事物……科学思想要强调‘不仅要分析，还要综合’，‘系统科学’才是现代科学中最重要的**”。所以，钱学森多年一直研究的一个问题，就是我们有那么多学科，它们之间总有一个系统的关系，构成我们人类智慧的总体。他认为，建筑和城市科学也是系统科学的一部分，而且哲学基础区别于其他学科，它既是艺术，又是科学。钱学森从超越自身专业的更为宽泛的视角去进行科学理论的创新。他提出

①
“还原论”：长期以来人类的科学研究思想，特别是在西方形成的传统观念认为：要认识一个问题，就要认识它的各个部分；如果你认识了各个部分，就等于认识了全部。这种思想阻碍了科学的发展。

的“开放的复杂巨系统”等理论成为中国系统科学理论屹立于世界科学之林的标志，成为世界系统科学理论谱系的重要组成部分。而山水城市的概念，是复杂巨系统中建筑和城市科学部分中的子学科，也是钱学森“山水城市的设想是中外文化的有机结合”理论的一次跨越。

历史总是会有许多惊人的相似之处，和百年前的英国一样，世纪之交的中国也走到了经济和社会的“转型期”，城市化进程也开始进入高速发展的阶段。我国大中型城市的“城市病”——环境污染、交通拥堵、水源短缺、房价虚高、管理粗放、应急迟缓等也逐步显露。为防止19世纪英国的城市问题在中国重演，钱学森站在国家的层面，及时提出了适合中国国情的“山水城市”概念，作为21世纪城市发展的模式，以此来应对日渐泛滥的“城市病”，避免高度工业化、标准化的规划和建设造成的“千城一面”、无个性和特色城市的现象。

钱学森用哲学的思想，把城市和区域看作开放的复杂巨系统，才提出“山水城市”的概念，以及中国的城市应该建山水城市这个方向和道路的问题，并认为“山水城市”不是从字面上理解的“山”和“水”，而是代表“人与自然”“生态与文明”“科技与艺术”“历史与未来”“物质与精神”，代表钱学森“为老百姓”的思想，不是让百姓去找园林、找绿地、找生态环境，而是“城在林中，林在城中，人在绿中”“把古代帝王所享受的建筑、园林，让现代中国的居民百姓也享受到”的山水城市形态，体现了以人为本的理念和极强的包容性。钱学森山水城市思想也蕴含着深刻的生态学原理，山水城市是具有中国特色的绿色城市，为未来城市的可持续发展提供了一个理想模式。一是构筑山水城市主张将自然请回城市，人与自然和谐相处，有利于城市环境的可持续发展。二是优美的生态环境可以为一座城市带来许多投资机会，推动城市产业升级，有利于城市经济的可持续发展。三是山水城市建设注重城市传统文化的挖掘，促进城市积淀深厚的人文底蕴，有利于城市文化的可持续发展。近年来，得益于生态文明建设的持续推进，我国将生态文明写入宪法，蓝天碧水净土保卫战全面打响，“绿水青山就是金山银山”已经深入人心，钱学森山水城市构想的实现，有了更好的内生动力和外在保证。

钱学森先生提倡山水城市规划的人民性与社会性，完全符合新时代中国特色社会主义思想要求的“必须以人民为中心”的发展思想。钱学森“山水城市”的理论基础深厚、内涵和外延丰富，可谓博大精深。

毋庸置疑，钱学森先生提出的“中国的山水诗词、中国古典园林建筑和中国的山水画融合在一起”以及“山水城市的设想是中外文化的有机结合，是城市园林与城市森林的结合”的设想，就是21世纪社会主义中国城市未来构筑的、具有中国特色的模式，也正是无锡城市可持续发展的必由之路。

吴良镛指导描绘的无锡山水城市蓝图

吴良镛，建筑规划界泰斗。中国科学院院士、中国工程院院士，清华大学教授，国际著名的建筑学家、城乡规划学家和教育家，新中国建筑教育事业的开拓者之一，我国建筑与城市规划领域的学术带头人。

1948年夏，梁思成、林徽因推荐吴良镛到美国匡溪艺术学院建筑与城市设计系深造。期间，吴良镛师从世界知名城市规划大师、“美国现代设计之父”沙里宁。吴良镛在美国获硕士学位后，在沙里宁的事务所任设计师。在沙里宁的指导下，吴良镛开始探索中西交汇、古今结合的建筑新路，在美国建筑界崭露头角。1950年，事业渐入佳境的吴良镛深知新中国“百废待兴”，为报效祖国，义无反顾地回到北京。吴良镛从事建筑与城乡规划基础理论、工程实践和学科发展研究70余年，贡献卓越，是世界人居奖、国际建筑师协会屈米奖、亚洲建筑师协会金奖、陈嘉庚科学奖、何梁何利奖、英国皇家建筑学会荣誉资深会员、法国政府文化艺术骑士勋章、保加利亚国际建筑学院院士、俄罗斯建筑科学院外籍院士以及2011年度国家最高科学技术奖等诸多荣誉称号的获得者，2018年12月18日，党中央、国务院授予吴良镛改革先锋称号，颁授改革先锋奖章，并获评人居环境科学的创建者，不愧于世界著名建筑与城市理论家、教育家和活动家，更是钱学森提出“社会主义中国应该建山水城市”的积极推动者、实践者。他在钱学森提出的开放的复杂巨系统理论融入山水城市概念的基础上，针对城市化日益加快的进程和建设事业大发展的格局，创建了“人居环境科学”体系。他提出的广义建筑学和人居环境学，丰富和拓展了传统的建筑与城市规划等学科理论，引起了该学科和相关学科领域的突破性发展，是对人居环境学科本体的超越，是对城乡规划学、建筑学、风景园林学在科学理论层面、方法论层面与哲学层面的升华。“山水城市”和“人居环境科学”的结合是人居科学思想理论和科学方法论的有机融合。

吴良镛用“人居环境科学”的理论指导实践，从建筑设计到城市设计、景观设计，从城市规划到区域研究，均取得开创性的成果，对国家的多项关键决策起到重要的资政作用。他成功开展了从区域、城市到建筑、园林等多尺度多类型的规划设计研究与实践，在京津冀、长三角、滇西北等地取得一系列前瞻性、示范性的规划建设成果。吴良镛**“我毕生的追求，就是让人们诗意般、画意般地栖居在大地上”**，一语道出了人居科学理论的真谛和人们期盼的山水城市之未来。与钱学森**“把古代帝王所享受的建筑、园林，让现代中国的居民百姓也享受到”**的思想是高度契合的。

我毕生的追求，就是要让全社会有良好的与自然和谐的人居环境，让人们诗意般、画意般地栖居在大地上。

——吴良镛

把古代帝王所享受的建筑、园林，让现代中国的居民百姓也享受到。

——钱学森

英国皇家建筑学会会长尤沃特·帕金森20多年前在中国与吴良镛交谈时说：**“中国的历史文化传统太珍贵了，不能允许它们被西方传来的那些虚伪的、肤浅的、标准和概念的洪水淹没，我确信，你们遭遇了这种威胁，你们需要用你们的全部智慧、决心和洞察力去抵抗它。”“我们生活在一个全世界的城市面貌正趋于同化的时代，这使我们生活的城市存在巨大的危险。我希望中国能够从本质上去保护其应有的城市文化，去改善生活中缺少地方特色带来的乐趣这一现象”**。

正如尤沃特·帕金森先生所言，中国有自己的历史文化传统，要用自己的智慧改善生活中缺少地方特色带来的乐趣这一现象。无锡有山水城市的特质，但也曾有“缺少地方特色带来的乐趣”这一现象，我们当代人完全可以通过智慧来改善。无锡有山、有水、有湖、有河、有深远的历史、有厚重的文化。这些特质在构筑山水城市时，山就是背景，水就是脉络，历史文化就是灵魂。

“山水”一词泛指自然环境，“城市”一词泛指人工环境，山水城市倡导人工环境与自然环境协调发展。探讨山水城市的建设模式,必须从城市的特色分析着手，尤其应重视那些“因其自然美”而形成的山水特色。据此去协调人工环境要素的尺度、体量、色彩等，使城市得山水而增美丽，山水得城市而添活力。

1993年无锡启动城市总体规划修订工作，由清华大学与无锡市规划设计院合作编制。这是一次跨世纪的城市规划蓝图的描绘。1994年吴良镛教授在指导无锡城市总体规划修编时，提出了无锡要建设山水城市的规划方向。他是在对无锡市构筑山水城市的基础和条件进行实地考察、深入研究后才提出的。他说，在无锡建设山水城市，主要是基于所承担的国家自然科学基金重点项目（我国经济发达地区城市化进程中的建筑环境保护与发展），这个课题是针对长江三角洲地区的。他认为，无锡市处于长江三角洲的腹地，经济发达，也是城市化发展最迅速、城镇最密集的地区。无锡有三千多年的历史，文化源远流长，经济发展也很迅速，我们在课题开始前曾用了几年时间进行选题论证工作，现在我们认为这个课题选择得很对。从区域范围看，处于长江三角洲腹地的无锡市城市化发育更完整，发展正未可限量。他乘船看了运河，又爬锡山、惠山、马山、峄嶂山等，年过古稀的他语重心长地说："无锡可以做绝妙的文章，画最好的图画，关键是如何下笔，现在需要大手笔写大块文章。"

确如吴良镛所说，选择无锡建设山水城市这个课题选对了。不仅是因为无锡历史文脉源远流长，经济发达且发展迅速，更重要的是无锡山水兼备，具有建设山水城市最好的自然条件和鲜明的文化特质。无锡山丘众多，共有大小山丘87座，782平方千米，占总面积的16.90%。大小河道3100多条，总长2480千米（市区河道总长150千米），水面面积有1294平方千米，占总面积的28.0%。单从山水的拥有量来说，也是经济发达地区城市中屈指可数的。无锡的山虽不高，却秀丽；无锡的水虽不深，却辽阔。离无锡最近的太湖和太湖伸向无锡的内湖蠡湖，更是无锡山水城市的大背景。山因水而秀美，水缘山而朗润。无锡历史文化源远流长，有商末中国历史上开凿的第一条人工河流伯渎河（早于京杭大运河）、始建于梁武帝太清年间的南禅寺、最早东晋书法家王羲之的宅社（相传）后改名的崇安寺、南北朝时的惠山寺、建于唐朝的灵山祥符禅寺、明朝时的寄畅园、龙光塔和清名桥、明朝至清朝的大窑路砖瓦窑遗址以及拥有唐朝以来上百个祠堂的惠山祠堂群……

吴良镛在《无锡市规划建设面临的重大决策》专题学术报告中说："无锡山

水条件优越，旅游资源丰富，要搞山水城市……”“无锡市的城市主体在太湖之滨，十分难得。城市坐东向西，山体坐北向南环抱太湖，有山有水，大有文章可做。无锡的山水城市应将山、水、城、河、湖联系起来，不只是一张二维平面图，也不只是一张立体三维静态图，而是一张将时间的流逝组织进去的立体四维动态图……”“无锡‘山水城’的建设重点应放在对山、水的自然空间及其绵延地区保护，而不是开发，更要千方百计地防止建设性破坏。”

1994年1月29日在无锡梁溪饭店会议室，我在现场聆听了吴良镛作的《无锡市规划建设面临的重大决策》专题学术报告，我对吴良镛在报告中讲的“无锡山水条件优越，旅游资源丰富，要搞山水城市”这一点印象特别深刻。他说“无锡市的城市主体在太湖之滨，十分难得。城市坐东向西，山体坐北向南环抱太湖，有山有水，大有文章可做。无锡的山水城市应将山、水、城、河、湖联系起来，不只是一张二维平面图，也不只是一张立体三维静态图，而是一张将时间的流逝组织进去的立体四维动态图。城市建设中有新的、有旧的、有历史的、有现代的、有过去的、有眼前的，还要考虑到未来的。这样才能从建筑群的组合、山水的景观到历史的保护中，看出一个城市时间上的流逝，这才是我们所要追求的。”他还说“中国山水有几千年的文化，凝聚了深厚的文化渊源。太湖数千年前就有了，有各种传说、故事、诗篇，这都是文化精华，中国讲‘山水城市’不光讲自然与人工相结合，还要与人文相结合。”“无锡的山水城市应将锡惠山区纳入城市，周边尽可能搞些低的房子，融入山水之中，高层搞多了，天际线也就破坏掉了，而天际线确实是城市中很要命的东西。无锡的运河如果追溯至春秋时的‘坎沟’，也有几千年的历史了，应善为利用。”“无锡要变大、要发展，这是无法回避的客观规律，把城市的开敞空间体系放在太湖边上，如果精华部分被保持住了，那么我们这代人对子孙该做的事就做了。我们的城市规划师对未来要负责，从理论上讲，每一个城市都要发展，而在每一个局部地区，则保持山 — 水 — 城的关系，保持一定的尺度，让开敞的空间穿过，保持人工与自然的结合。”吴良镛教授对无锡建设山水城市非常赞成，并就如何建设山水城市，建议“无锡应该在城区及必要的外延建设城市，而现在滨湖地带的大面积地区首先要保护好，而不是用这些地区去搞‘开发’。这样无锡这个城市才能有它的中心城，有它的山水风景区，这样才能称为名副其实的山水城市。”“无锡‘山水城’的建设重点应放在对山、水的自然空间及其绵延地区保护，而不是开发，更要千方百计地防止建设性破坏。”

《无锡市总体规划（1995—2010年）》把“制订山水城市的建设模式、建设具有良好城市生态环境、融自然环境与人工环境于一体的现代化城市”作为总体规划修订的指导思想之一。

1995年，我在市规划局任总工程师办公室主任，无锡市总体规划修订工作办公室明确让我根据清华大学和无锡规划设计院合作编制的总体规划成果执笔撰写《无锡市总体规划文本（1995—2010年）》。规划文本和清华大学、无锡市规划设计院编制的规划图纸具有同等法律效力。该文本为无锡城市规划史上第一部总体规划文本。总体规划把“制订山水城市的建设模式、建设具有良好城市生态环境、融自然环境与人工环境于一体的现代化城市”作为总体规划修订的指导思想之一；把“调整城市布局，建设‘城外城’（无锡高新区）、‘城中城’（无锡旧城）、‘山水城’和中心商务区（CBD），以形成开敞的、分散组团式（以自然山、湖、河、楔形绿地自然分割城市各分区组团）的大城市发展格局，按现代化城市及山水城市对城市环境的要求，建立生态型的城市绿地系统，切实加强环境保护，特别是加强对山水环境治理，改善城市环境”作为总体规划修订的重点之一；把新运河以西的锡惠景区和蠡湖新城等确定为近期“山水城市”规划建设的重点。

清华大学吴良镛教授亲自指导，谢文蕙、何强、尹稚、林澎等教授专家组成的团队和无锡市规划设计院联合编制的《无锡市总体规划（1995—2010年）》，既融入了钱学森“山水城市”和吴良镛“人居环境科学”的理念，又契合了1933年8月《雅典宪章》提出的“城市要与其周围影响地区成为一个整体来研究”以及1977年12月《马丘比丘宪章》提出的“城市空间的流动性和连续性，强调人与人的相互关系和城市的动态特征”的理论。

1995年9月27日无锡市第十一届人民代表大会常务委员会第十九次会议通过《无锡市总体规划（1995—2010年）》。1995年12月6日至8日，江苏省建委组织省内外专家对无锡市城市总体规划进行论证，专家组认为无锡市城市总体规划达到规划编制技术要求，可以上报省政府审批。在无锡市政府将城市总体规划上报江苏省政府审批期间，正值国务院调整对非农业人口超过50万城市的总体规划审批权限，无锡市总体规划应由江苏省政府同意后再报国务院审批。1999年11月18日，受国务院委托，建设部主持召开“城市规划部际联席会第九次会议”，我代表无锡市政府在会上作了规划说明，会议经审核同意将无锡市总体规划上报国务院审批。但是，因2000年12月无锡市区行政区划调整，锡山市撤市设区，国务院对无锡城市总体规划暂缓审批。2001年江苏省城乡规划设计研究院、无锡市规划设计院按调整后的行政区划范围，对1995年编制的无锡市城市总体规划再次进行了修编，2009年3月获国务院批准。

遵循规律，构筑中国经济发达地区宜居宜业的山水城市

老子曰：**“人法地、地法天、天法道、道法自然。”**中华民族是热爱自然、尊重自然、敬畏自然的民族，讲究天人合一。逐水而居，是江南人的天命，更是无锡人的天性。无锡人在秀丽山水的长期熏陶下，激发出无限的灵感。无锡人除了乐享山水之中，早在500多年前就怀揣山水梦想，为家乡的山水城市勾画美丽远景，且生生不息、代代相传。

无论是明末王永积的《锡山景物略》（图1-28）、近代荣德生的《无锡之将来》（图1-29），还是中华人民共和国成立初期构筑“东方日内瓦”的城市规划，对“远离城市喧嚣，建设太湖、蠡湖世外桃源”“城市中心区与风景区应保持距离”的观点是承前启后、一脉相承的。

明朝末年，随着城市的发展，无锡纵横交错的河道，特别是穿城而过的运河等水上交通给城市带来了繁荣。古河古桥、古寺古塔、古街古坊、古窑古庙，交相错落、相互辉映，历史文化蕴含其中。经过千年历史文化的积淀和城市的演变，无锡县城已经有了儒学（即学宫）、县衙、北禅寺、城隍庙等建筑以及畅通的水上运输。崇祯七年（1634年）进士王永积，号蠡湖野叟，在明亡后隐居无锡蠡湖边，面对家乡的经济繁荣和自然山水美景，有感而发**“一篙春水没平芜，远望岧峣映玉符。潋滟连空云石雨，潇湘入眼画难图。鸬鹚出没鱼同患，鸠鹊阴晴鸟各呼。却笑沧江垂钓叟，收纶**

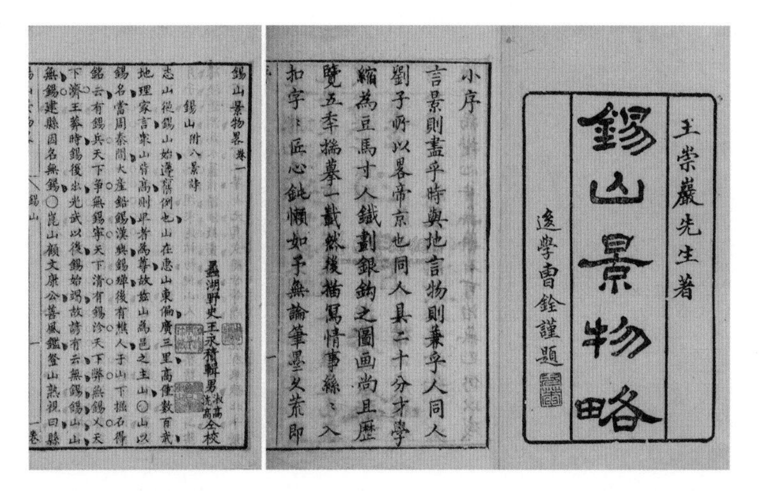

錫山景物略

王崇巖先生著

後學曹銓謹題

小序

言景則盡乎時與地言物則兼乎人同人劉子所以畧帝京也同人具二十分才學縮為豆馬寸人鐵劃銀鈎之圖画尚且歷覽五季揣摹一載然後描寫情事絲絲入扣字字匠心鈍懶如予無論筆墨久荒即

錫山景物畧 卷一

錫山 附八景詩

蠡湖野史王永積輯 男 汝高 洗高 仝校

志山從錫山始遵舊例也山在惠山東偏廣三里高僅數百武地理家言衆山皆高則卑者為尊故錫山為邑之主山◎山以錫名當周秦間大産鉛錫漢興錫殫後有樵人于山下掘石得銘云有錫兵天下爭無錫寧天下清有錫沴天下弊無錫乂天下濟王莽時錫復出光武以後錫始竭故諺有云無錫錫山山無錫建縣因名無錫◎崑山顧文康公善風鑑登山熟視曰縣

图1-28 王永积著《锡山景物略》

無錫之將来

中華民國三年八月初版

無錫錫成印刷公司印行

图1-29 荣德生著《无锡之将来》

饵得巨鳌无”。王永积为官清正，乐善好施，变卖家产，卖掉良田二百亩，建造“中桥”。家谱中载有明清二朝皇帝敕命、诰命共三十三道圣旨。他著有《锡山景物略》十卷。全书分别从山（锡山、惠山、璨山、崢嶂山、金匮山等）到泉（天下第二泉、孝子泉），从湖泊（太湖、五里湖）到溪河（梁清溪、伯渎河、映山河），从祠堂（惠山祠、华孝子祠）到寺庙（南禅寺、至德庙、张中丞庙），从书院（东林书院、崇正书院）到少宰第（孙继皋少宰第、侯桐少宰第）……无锡城内140余处山水景物尽收其中！**“每纪一地，皆首载沿革，次载诗文”**。王永积对无锡山水景物的构成、分布了如指掌，对每处山水景物都有详尽的沿革记载、景物的描述和合理的构想。譬如在写到蠡湖时说“**蠡湖缺少的是胭脂，致使西施面上无色彩。如果建楼台、造祠堂、筑湖堤、种花木，蠡湖的景色绝不会比西湖差。**”王永积把对家乡的热爱化为神圣的使命。他对山水营造的遐想和寄予的希望，对家乡山水城廓——山水城市初显的构想，都倾注于《锡山景物略》中。17世纪中国明代的王永积所提出的山水营造理论，比19世纪西方现代城市规划理论开创者——英国的埃比尼泽·霍华德的Garden City理论的出现早了200多年。

20世纪20年代，无锡城市工商业有了进一步的发展。中国著名的民族资本家、慈善家、民族实业家荣德生先生（前国家副主席荣毅仁之父，图1-30）以造福桑梓之情，在《无锡之将来》一书中指出“无锡，为江苏六十县之一，地居沪宁之中心，水陆交通，商贾辐辏，出产有大宗之丝茧，贸易以米市为最盛。今则工厂林立，如纺纱厂、织布厂、面粉厂、缫丝厂、碾米厂等，不下数十处。其直接便利商店者，有电灯与电话焉。此商业之大较也。”对于无锡工商业的快速发展，荣德生流露出丝丝的担忧，唯恐迅速发展的工商业对家乡山水的侵蚀。他提出了以蠡湖为中心的“世外桃源”的规划构想：“惠山、锡山之上固宜卜居，而五里湖、太湖尤足揽胜。……临湖筑楼，开窗远眺，见湖水共长天一色，远山如白云之在望，帆影幢幢，往来不绝。至于夕阳将下，遥见红日一轮，映入湖中，水波不兴，作金碧色。有山水之趣，无城市之喧，能爽人心神，益人智慧……别墅山庄，远近相望，真不啻世外之桃源也！”

图1-30　荣德生像

20世纪20年代，太湖畔的园林景色已初具规模，但因为蠡湖的阻隔，交通不便，而游人不多。去湖畔园林的唯一通道是从管社山万顷堂乘船摆渡。1934年荣德生老先生60大寿，他利用亲朋好友的祝寿礼金在蠡湖上架起了一座375米的长桥，因南端架在宝界山上而取名“宝界桥”（图1-31），从此沟通了蠡湖南北两岸的陆路交通，把梅园、蠡园和鼋头渚等景区连成一片，便于游人游览观光。他不仅在《无锡之将来》中表达了对无锡城市发展规划的憧憬，还以实际行动架桥铺路，把家乡的山水景致连成一片。一个民族资本家，为无锡山水城市构筑“之将来”，实为远见卓识。

图1-31　荣德生出资建造的宝界桥

20世纪50年代，城市百废待兴，无锡没有一个整体的城市规划。1956年，时任中央建设部部长的万里在当年举行的全国城市规划培训班结业仪式上，提出要搞全国城市规划试点，中国的城市要有规划。当时，无锡的工业发展全国有名，总产值在中等城市中居前列，同时无锡的太湖风景区也是很著名的地方，中央建设部经综合考虑，把无锡作为规划编制试点城市之一。对于无锡编制的规划，中央建设部专门邀请了苏联、波兰的专家分两次到无锡现场，那时起，无锡的城市规划已经作为国家规划的“城市样板”开始编制。1959年，苏联、波兰专家和无锡市政府就有了在无锡建设“东方日内瓦”的设想和规划。针对无锡构筑“东方日内瓦”的建设工作也正式启动。时任市长江坚按照当时的实际情况，要求城建部门对当时的鼋头渚、梅园、蠡园等进行了规划设计，提升档次，无锡的太湖风景区此后闻名遐迩，在全国的知名度越来越高。当时的中外专家对无锡的规划，还特别给出一份建议，就是将城市中心区规划和风景区规划分开，分别做各自的规划设计而后建设，并且要控制规模。尤其提到：“城市和风景区要保持一定的距离，就是说房子不要建到太湖边上，中间应该有个过渡区域，从而最大限度地保持太湖风景的原貌”（图1-32）。遗憾的是，如此美好的山水城市规划和构筑契机，由于历史的原因却无法全面执行。

无论是明末王永积的《锡山景物略》、近代荣德生的《无锡之将来》，还是新中国建国初期的构筑“东方日内瓦”的城市规划，对“远离城市喧嚣，建设太湖、蠡湖世外桃源”“城市中心区与风景区应保持距离”的观点是承前启后、一脉相承的。

20世纪末，在钱学森山水城市概念、吴良镛人居科学理论的引导下，由吴良镛亲自指导完成了无锡山水城市规划的建设蓝图。

《“爱我无锡 美化家园”行动纲要》（2002年—2004年无锡市城市建设实施计划）号召市民要把无锡建设成为让人们引以为自豪的、能够称得上故乡的美好家园；把打太湖牌、唱运河歌、建山水城，显山露水，把自然风光引入城市，构筑艺术骨架和城市景观，丰富城市文化内涵，提升城市文化地位，打造城市品牌，塑造城市特色作为行动目标之一；把蠡湖综合治理，惠山古镇保护修复建设、惠山森林公园建设等纳入十大行动之中。

图1-32　20世纪50年代山水城市构想图

2000年，我作为协助分管城市规划建设副市长的市政府副秘书长直接参与了“撤销锡山市、马山区并入郊区，郊区更名为滨湖区”这一轮无锡市部分行政区划调整方案的编制工作。这次行政区域调整对于推进无锡城市化进程、加快转变城市发展方式、为山水城市建设增加发展空间等方面意义重大。2001年9月无锡市委、市政府明确由我主持起草编制《“爱我无锡　美化家园”行动纲要》（2002年—2004年无锡市城市建设实施计划）（以下简称《三年行动纲要》）。接到任务后,我和市政府办公室唐余开副主任、市建设局办公室曹恒生副主任等十余人利用“十一”黄金周假期，在锡山大桥堍、大运河畔吟苑旁的园外园酒店三楼会议室研究部署起草工作。用整个黄金周的假期，起草了《三年行动纲要》（讨论稿）。2001年10月9日至10日我在湖滨饭店主持召开无锡市城市建设工作思路研讨会，讨论《三年行动纲要》（讨论稿）。我在主持会议时说：**“2000年底锡山撤市设区后，无锡的城**

市规划建设面临新的机遇和挑战，如何发挥自身优势，增强城市活力和魅力，增强城市竞争力，促进社会经济全面发展，适应行政区划调整后加快推进城市化进程需要，开创新世纪无锡城市建设的新局面，是摆在我们面前的一项重要而艰巨的任务。我们无锡应从现在起整合各项城市建设活动，统一各级各界步调，有计划、有步骤、有序地推进城市建设，最大限度地发挥城市建设投入的综合效益，应具备一种新的城市发展思路即‘讲品位、出精品、创特色’，塑造城市整体美，增强城市的凝聚力，把无锡建设成为让人们引以为自豪的、能够称得起故乡的美好家园，争取在未来国内、国际著名城市之林占有一席之地，这是无锡发展到现在的必然选择，也是无锡今后发展的必由之路。这次我们把《无锡市总体规划（1995—2010年）》确定的山水城市思想与成果，体现在三年行动纲要之中”。

2001年10月29日，市委、市政府以锡委发[2001]70号文件印发了《“爱我无锡 美化家园”行动纲要》（2002年—2004年无锡市城市建设实施计划），该纲要是无锡市建设史上第一个三年行动纲要，以后每三年都编制一个行动纲要，并以市委、市政府名义印发。《三年行动纲要》的出台，为建设山水城市制定了阶段性的目标计划。这次编制的《三年行动纲要》的特点是在无锡首次提出城市是市民共同的美好家园的理念。行动纲要号召市民要把无锡建设成为让人们引以为自豪的、能够称得起故乡的美好家园；提出构造动态平衡的生态环境，营造城市亲和力，创造舒适宜人的人居空间。行动纲要以实施性为主，重视各工程之间的协调和衔接，主题内容由十大行动组成，包括城市道路骨架工程、对外交通1530工程、城市绿色工程、康居工程、清泉蓝焰工程、碧水工程、蓝天工程、公共交通快捷工程、城市管理工程。每个行动中，都列有目标、指标和具体项目，体现出适度超前，体现出整体性、系统性、连续性和重点突破、联动推进的原则。《三年行动纲要》把打太湖牌、唱运河歌、建山水城，显山露水，把自然风光引入城市，构筑艺术骨架和城市景观，丰富城市文化内涵，提升城市文化品位，打造城市品牌，塑造城市特色作为行动目标之一，把蠡湖综合治理，惠山古镇保护修复建设、惠山森林公园建设等纳入十大行动之中。从此蠡湖新城建设、惠山古镇和惠山、青龙山保护建设作为无锡山水城市构筑的先行区陆续启动。

从2002年开始陆续启动的三个先行区，既是为全市域山水城市建设做前期准备，也是一次为山水城市建设探明路子、摸索经验的过程。本人有幸成为组织上任命的蠡湖办主任、惠山、青龙山保护办主任、惠山古镇保护开发工作小组组长，具体负责组织三大工程的实施工作，亲历了世纪之交山水城市先行示范区建设的难忘岁月。

2002年11月15日，我担任蠡湖地区规划建设领导小组副组长兼办公室主任（法人代表），具体负责统筹协调组织蠡湖地区的规划建设实施工作。我从1983年参加工作以来，一直从事无锡市城市规划和建设管理工作，也担任过多年的无锡市重点工程建设指挥部副总指挥，但是全面负责组织如此大规模的环境整治和新城建设，在无锡建设史上也无前例。我们没有可借鉴的范例，只能自己去摸索；没有成功的经验，只能自己去实践；没有捷径，只能一步一个脚印、脚踏实地地去尝试。按照《三年行动纲要》的目标要求，前三年以治理蠡湖水为主要目标，同时启动蠡湖新城范围内的基础设施建设，即整治被侵蚀、污染的蠡湖和建设蠡湖新城路网、水系及敷设地下管网。在规划建设过程中，我们贯彻“**以人为本、生态优先**”的理念，坚持“**先行控制规划范围内所有项目建设审批，先行治水，先行基础设施建设，先行安置农民、渔民，先行绿化生态建设和先行设置投资准入门槛**”的“**六个先行**”，坚持“**新城文化策划建设与新城规划建设同步，新城基础设施建设和新城增绿、造景、生态修复同步，新城建设与新城管理同步**”的“**三个同步**”，先后组织编制了蠡湖地区总体规划（概念规划）、生态建设规划、旅游休闲建设规划以及文化策划等，为蠡湖地区现代化山水城市先行区的功能定位和长远发展编制了蓝图；组织实施了蠡湖新城及周边道路、水系等基础设施建设，建成以隐秀路、鸿桥路、环湖路、蠡溪路、望山路、望湖路、望桥路、金城西路、金石路等为主骨架的蠡湖路网；疏浚并沟通了以蠡溪河、新城河、鸿桥河、陆典桥河为主的新城水系；相应完成了沿路两侧159公顷的绿地及管网等基础设施建设，为蠡湖新城的可持续发展打下了基础。我们在学习国内外治水经验的基础上，取长补短，摸索出一套科学治水、综合治水的方法，即：退渔还湖、生态清淤、污水截流、动力换水、生态修复、湖岸整治和环湖林带建设。经过整治，蠡湖水面面积从原来的6.4平方千米恢复到9.1平方千米，蠡湖水质也有了大幅提升。更重要的是，这一类系列实践为治理太湖积累了经验。2007年，国务院将蠡湖科学治水、综合治水的经验总结为“蠡湖经验”，向流经我国人口稠密聚

图1-33 蠡湖新城

集地的淮河、海河、辽河和太湖、巢湖、滇池“三河三湖”推广（图1-33）。

2002年12月13日，无锡市政府为加强对惠山古镇保护开发工作的领导，决定成立无锡市惠山古镇保护开发工作小组(以下简称工作小组)，下设办公室（以下简称古镇办）。我受市政府的委派担任工作小组组长。惠山古镇规划保护修复是无锡建设山水城市的重要部分。惠山古镇靠山、近城、枕河，地理位置独特，自然环境优美，是历史上无锡山水城市的缩影，由于其所处地位的特殊性、保护修复的重要性、文化价值的不可再生性，决定了惠山古镇的保护建设不同于一般的古镇建设，而是一项以保护文化、历史为前提的、以申报世界文化遗产为目标的重大而艰巨的文化保护修复工程，为此，我经过反复思考，提出了“**全力求证，小心落笔；保护有据，发展入理；宁留残缺，不求圆满；精心运作，低调宣传**”的三十二字工作方针。在此方针指导下，我们做了几件对申遗影响深远的工作：专门聘请有申遗经验的无锡籍资深规划专家、云南丽江古城成功申遗项目负责人、云南省城乡规划设计院顾奇伟院长领衔编制0.3平方千米的惠山古镇保护建设规划（该规划于2005年4月14日经市政府批复同意）；调整城市干道锡惠路走向，确保惠山古镇核心区的完整性；专门研究制定并出台古街区拆迁办法，确保遗产的原真性、唯一性；大量收购旧材料，做到修旧如旧；

置换部队营房，搬迁旅游职中，修复重点祠堂，保持古镇核心区的完整性；开展惠山古镇历史文化的挖掘整理工作。期间，2003年7月28日，无锡市人民政府以《无锡市人民政府关于请求将无锡惠山祠堂建筑群列入世界文化遗产预备名单的请示》，向江苏省人民政府正式提出惠山祠堂群申报世界文化遗产的请求，并附报惠山祠堂群概念性规划和详细规划。2004年6月28日，第28届世界遗产大会在苏州举行，惠山古镇经批准参加了此次世遗大会的“世界遗产展”活动。在之后的十余年中，我们通过成立祠堂文化研究会，挖掘祠堂文化内涵，按照申报世界文化遗产的原则（完整性、原真性和唯一性），抱着敬畏历史、敬畏文化的态度，小心翼翼地对惠山古镇进行了修旧如旧的保护修复。先后获得了“国家传统建筑文化保护示范工程”和“国家文化保护最佳工程”等荣誉。2012年11月，惠山古镇成为全国45个申报世界人类文化遗产预备项目之一（图1-34）。

2004年7月28日，无锡市第十三届人民代表大会常务委员会第十次会议通过了《关于保护惠山、青龙山的决定》（以下简称《决定》）。《决定》指出，惠山、青龙山是无锡的城市“绿肺”，是无锡建设生态城市及湖滨山水城市得天独厚的生态资源。保护好惠山、青龙山功在当代、利在千秋。当时惠山、青龙山在保护、建设和管理方面还存在一些突

图1-34 惠山古镇

出问题，社会各界对此十分关注。根据市人大《决定》精神，2005年3月8日，无锡市人民政府成立惠山、青龙山保护建设领导小组及办公室。惠山、青龙山保护工程，是无锡显山露水、彰显山水城市特色的又一示范工程，与蠡湖地区、惠山古镇一样，都是无锡山水城市的重要板块，且紧密相连，为利于统一规划建设和管理协调，市政府决定由我同时兼任惠山、青龙山保护办主任，具体负责统筹协调组织惠山、青龙山地区的规划保护和建设实施工作。惠山、青龙山地处太湖风景名胜区，它记录了无锡历史文化的发展足迹，闪烁着民族文化之光。我们在惠山、青龙山地区建立以惠山森林公园为主体的无锡自然保护地体系，强化了风景名胜区在自然保护地体系中的地位和作用。惠山、青龙山地区由于多年来多头管理、无序建设，遭到不同程度的破坏。人大常务会的《决定》下达后，市政府将惠山、青龙山保护纳入《构筑山水名城，共建美好家园——2005年—2007年城市建设发展行动纲要》。在惠山、青龙山保护、整治、建设过程中，我们从治理“三乱”（乱开乱挖、私埋乱葬、私搭乱建）着手，全面整治惠山、青龙山地区环境，保护和利用好山水城市独特的生态资源；显山露水，实施十八湾生态修复工程，展现城市山水特色；显山透绿，提升惠山森林公园钱荣路出入口及上山环境，把山林融入城市；挖掘惠山、青龙山文化内涵，提升山水城市建设品位；坚持以人为本，因地制宜做好征地拆迁安置工作，让山水城市的建设成果惠及百姓。在惠山、青龙山自然保护区内有梅园公园、惠山森林公园、阖闾城遗址，北宋著名诗人秦观墓（至今已有900多年历史），明代著名藏书家、学者邵宝墓等，这些自然风景和文化瑰宝是构筑山水城市的精华，在治理、建设的过程中得到全面保护和修复（图1-35）。

蠡湖新城、惠山古镇和惠山、青龙山三个山水城市构筑的先行示范区，经过保护、修复和规划建设，为无锡建设山水城市开了个好头。2006年9月，联合国环境规划署亚太地区办公室主任史仁达先生高度评价中国无锡蠡湖生态建设；2007年，无锡“水危机”后，国务院将蠡湖科学治水、综合治水的经验总结为“蠡湖经验”，向全国推广；2012年11月，惠山古镇成为全国45个申报世界人类文化遗产预备项目之一；惠山、青龙山的保护建设，增加了惠山、青龙山这个无锡“绿肺”的肺活量，进一步彰显了无锡滨湖山水城市的特色，也为2009年第二届世界佛教论坛在无锡召开塑造了良好的城市形象。

① 《无锡城市竞争力报告》包括城市最后经济竞争力指数、宜居竞争力指数、可持续竞争力指数和宜商竞争力指数。自2003年开始，中国社科院对293座城市的数据进行研究，每年发布一次。无锡自2016年开始，连续三年获得内地宜居城市第一位的殊荣。

在天时地利人和皆备的今天，由钱学森首先提出的，吴良镛亲自指导完成的21世纪社会主义中国城市构筑的模式——山水城市已在无锡初见端倪。

无锡构筑山水城市是一个因地制宜，承上启下，遵循经济、自然、社会等发展规律的系统建设工程。回顾历史，展望未来，无锡构筑山水城市的优势更加凸现，条件更加成熟；

第一，它有自然的山水特质。

第二，它有3000多年厚重的历史文化。

第三，它有一方山水养育的济济人才。

第四，它有数百年园林建设的成功经验。

第五，它有新世纪探索构筑山水城市的实践体会。吴良镛说：**“无锡的山水城市规划不仅要将山、水、城、河、湖联系起来，还要把过去流逝的历史组织进来。”**可以说，这些年启动的先行区体现了山水城建设的示范和先导作用。

第六，它有联合国环境规划署的充分肯定。联合国环境规划署亚太地区办公室主任史仁达先生高度评价中国无锡蠡湖生态建设：“蠡湖新城的规划和设计充分体现了人与自然的和谐。毫无疑问，蠡湖新城的成功案例可以作为发展中国家学习的典范。”

第七，它有构筑山水城市更厚实的基础和条件。2003年获国家园林城市、2007年获国家历史文化名城；蝉联中国最宜居城市[①]，并名列内地城市榜首；2008中国最具幸福感城市；全国十佳生态文明城市。作为中国民族工商业、乡镇企业的发源地之一，2017年GDP超万亿元，2018年人均GDP在全国GDP过万亿元的城市中位居第二，是未来中国经济发达地区最有条件成为宜居宜业的山水城市。

第八，它有山水赋予无锡人更宽广、包容的胸怀。从3000多年前泰伯为遂父心愿，破嫡长子继承制之律，将王位让于三弟季历，表现出的包容与豁达，到清末无锡知县廖伦在太湖临湖峭壁上题书“包孕吴越”和“横云”两处摩崖石刻，展现出太湖的雄伟气势和孕育吴越两地（现为江苏、浙江两省）的宽阔胸怀，再到如今整治后的蠡湖及惠山、青龙山，作为全天候免费向各界人士开放的城市公共客厅，接纳全市、全国游客乃至世界友人，体现了大度、亲和、包容是山水赋予无锡人的人格魅力，无锡人对家乡的山、水、湖、田、林有特殊的感情和敬畏之心。

未来无锡不仅要对接长江经济带建设、长三角区域一体化发展等国家战略，坚持以人为本，促进老城新城协调发展，更加重视区域协调、融合发展。同时要因地制宜、努力塑

图1-35 惠山、青龙山

造好城市特色风貌：一线——古运河江南水乡风光带（古运河旅游度假区）、母亲河梁溪河，城市与风景区的联系纽带；一河——城市“项链”京杭新运河；一湖——无锡内湖蠡湖；一山——城市家山（锡山、惠山、惠山古镇）；一区——环太湖旅游风景区（含太湖山水城旅游区、马山旅游度假区、十八湾）。这“五个一”是无锡市区最具山水特色的地区。此外，无锡市区东有宛山荡、鹅湖、九里河、走马荡、凤凰山、吼山、斗山；北有锡澄运河、锡北运河、阳山；南有伯渎河、望虞河、鸿山；无锡市域内还有江阴境内的长江、白屈港、黄山、君山；宜兴境内的东氿、西氿、团氿、云湖、竹海、龙背山、龙池山等许多山山水水，对这些最能体现无锡山水城市特色的地区要强化城市设计引导，优化“天际线”管控，提升文化内涵，体现无锡山水特质和时代特点。

强化自然山水与城市空间布局的协调，也就是要保护好自然山水空间及视线走廊的延续性、完整性。如对在河惠路、人民路、火车站南广场能看到锡山龙光塔、在钱荣路能看到鹿顶山舒天阁等的视线廊道，对“一半山水一半城”的蠡湖湾区、连接运河与太湖的梁溪河绿色走廊等最能展示无锡山水城市格局的地方，我们更要控制好其“城市轮廓”，让山水少受“人工”干扰。

山水城市，本来就是无锡城市最初的原形。然而，由于时代的局限，在无锡经济社会发展过程中，无锡人对“母亲湖”“母亲河”“家山”在不经意间有过诸般“不敬”，做过若干历史憾事，如：不当的资源开发致使山林植被受损，水土流失；围湖造田，密植网簖虾浮，湿地筑塘养鱼，湖面缩小、斑驳陆离；竞相在沿湖沿山占地开发，湖岸山体被侵占蚕食，散乱的建筑遮蔽湖光山色，山不显、水不露；污水横流入湖，水体清澈不再，青山绿水黯淡……无锡得益于太湖，灵气在山水，无锡城因山水而建，因山水而生。如果无锡的山水环境不保，将如断根的庄稼，不要说发展环境，就连生存都无法为继。重整天赋的山水资源，展现深蕴的人文积淀，构筑以人为本的绿色家园，再现人文环境与自然环境和谐共生的山水城市，是我们这代人的责任。

我作为一名新世纪山水城市建设的亲历者、实践者，坚信我们只要上下同心，始终按照吴良镛教授描绘的山水城市规划蓝图进行建设，未来的无锡一定是一座名副其实的山水城市、一座钱学森先生所期望的能让“全世界看看”的中国特色的山水城市。

蠡湖篇

引子

蠡湖新城建设是钱学森“山水城市”和吴良镛“人居环境科学”理论在无锡的有效实践。在规划建设过程中，无锡贯彻“以人为本，生态优先”的理念，坚持“先行控制规划范围内所有项目建设审批，先行治水，先行基础设施建设，先行安置农民、渔民，先行绿化生态建设和先行设置投资准入门槛”的“六个先行”；坚持“新城文化策划建设与新城规划建设同步，新城基础设施建设和新城增绿、造景、生态修复同步，新城建设与新城管理同步”的“三个同步”，为蠡湖新城的绿色发展、可持续发展打下了基础；把蠡湖综合整治作为太湖治理的一期工程，坚持“综合治水、科学治水”，全面实施生态清淤、污水截流、退渔还湖、动力换水、生态修复、湖岸整治和环湖林带建设六大工程。2007年6月，国务院在无锡召开现场会，将蠡湖“科学治水、综合治水”的经验总结为“蠡湖经验”，向流经我国人口稠密聚集地的淮河、海河、辽河和太湖、巢湖、滇池“三河三湖”的治理推广。

2006年9月，联合国环境规划署在蠡湖展示馆举办亚太地区未来领导人培训班，把蠡湖作为联合国生态示范区和环境可持续发展教育基地。联合国环境规划署亚太地区办公室主任史仁达先生高度评价中国无锡蠡湖生态建设：“蠡湖新城的规划和设计充分体现了人与自然的和谐。毫无疑问，蠡湖新城的成功案例可以作为发展中国家学习的典范”。

2006年9月，蠡湖新城建设项目获中国人居环境范例奖（水环境治理优秀范例奖）。

2008年12月，蠡湖新城获“改革开放30年无锡最具影响力城建工程”（第一名）。

先行蠡湖新城建设实践探索山水城市建设之路

中国古代山川秀美，自然环境优越，人们对美丽神秘的自然充满了热爱与崇拜。对中国园林起到重要作用的思想和文化，又与自然的山水草木联系在一起。自然山水是城市的天然骨架，不同形态的自然山水最能彰显不同城市的特色和个性。无锡人对蠡湖的向往和钟情也是由来已久。早在20世纪二三十年代，工商实业家荣德生就在《无锡之将来》中提出了以蠡湖为中心的湖滨城市规划建设构想；50年代，市政府特邀波兰和苏联专家，对无锡城市作整体规划，专家认为，凭借无锡太湖、蠡湖的山水最佳组合优势，可以和欧洲的日内瓦湖比肩，提出打造东方日内瓦的构想； 90年代，在编制《无锡市总体规划（1995—2010年）》时，提出了城市布局要形成城中城、城外城、山水城和中心商务区（CBD）“三城一中心”的城市主体框架，把蠡湖新城建设作为山水城市建设的重点列入了无锡城市总体规划之中（图2-1～图2-3）。2001年9月无锡市第十次党代会提出近期要创建国家环保模范城市，远期要建设生态城市的奋斗目标。作为实践这一决策的重要部署，提出城市建设要显山露水，**“打太湖牌，唱运河歌，建山水城”**的战略及通过建设蠡湖新城彰显无锡湖滨山水城市特色的重要工作步骤，围绕实现国务院提出的“十五”期间对太湖梅梁湖、五里湖（蠡湖）的治理目标，市委、市政府把蠡湖水环境的综合治理及沿湖生态环境和基础设施建设，作为治理太湖和建设蠡湖新城的启动项目。

自古以来，无锡先贤的梦想，现代人的

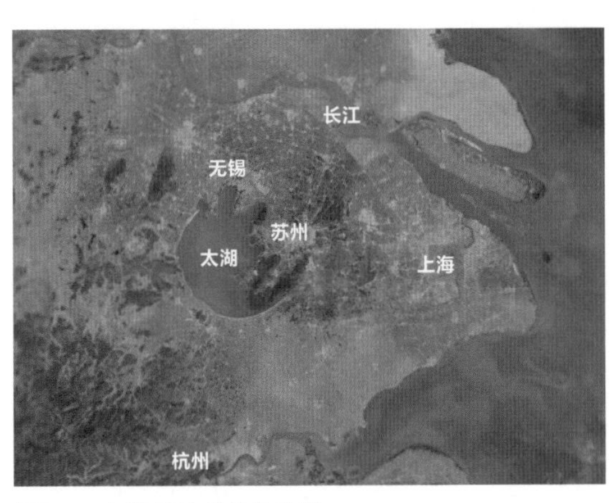

图2-1　太湖在长三角的位置

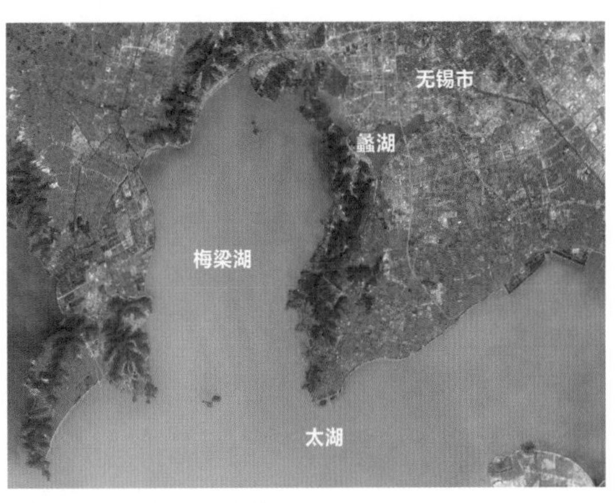

图2-2　蠡湖在无锡的位置

向往，就是用具有无锡特色的自然山水，建设一个生态惠民、生态利民、生态为民的山水城市，让老百姓在生态环境质量改善中享受实惠，让老百姓有更多获得感，以不断满足人民日益增长的对优美生态环境的需要。

太湖是无锡的母亲湖，蠡湖史称五里湖，是太湖伸向无锡的内湖，蠡湖新城是展示无锡山水城市特色风貌的最佳地区，是一块山水资源组合极佳、历史人文积淀深厚的不可多得的宝地。如果说无锡是太湖明珠，那么蠡湖就是这颗明珠上的闪光点。然而，作为曾是无锡水源地（中桥水厂取水口）的蠡湖自20世纪70年代起，围湖造田、围网养鱼，加上沿岸不当的资源开发，湖边大量未经处理的污水直接入湖，蠡湖遭到了侵占蚕食，水容量减少，自净能力下降，严重的污染导致蠡湖水质下降到劣V类，蠡湖及周边生态环境严重恶化，逐步失去了原有的风貌和功能，无锡的水源地也被逼由蠡湖向太湖的梅梁湖、贡湖逐步转移。

2002年11月15日，当时我在市政府任副秘书长，参加了市政府在信息网络中心召开的研究蠡湖地区规划建设的专门会议。同月28日，市政府下发了锡政办发[2002]166号文件《关于成立无锡市蠡湖地区规划建设领导小组的通知》，任命我担任蠡湖地区规划建设领导小组副组长兼办公室主任（法人代表），具体负责统筹协调组织蠡湖地区的规划建设实施工作。我从1983年参加工作以来，一直从事无锡市城市规划和建设管理工作，也担任过多年的无锡市重点工程建设指挥部副总指挥，但是要我全面负责组织20平方千米的蠡湖地区、6平方千米的蠡湖新城规划建设尚属第一次，而且

图2-3 无锡市总体规划结构图（1995—2010年）

实施如此大规模的生态环境建设和整治工程，在无锡建设史上也无前例。

当时我想，我们没有可借鉴的范例，只能自己去摸索；没有成功的经验，只能自己去实践；没有捷径，只能一步一个脚印、脚踏实地地去尝试。

虽说20平方千米的蠡湖地区建设是一次规划、分期实施，但是搞工程建设就是“万事开头难”。接到任命后，首先要找办公地、搭班子。为了寻找一个合适的办公地点，我围绕蠡湖整整转了三天，终于找到了在环湖路和建筑路交叉口废弃的水星饭店（原水利局招待所），我觉得在这里办公，紧靠工程现场，便于靠近指挥。办公地点找到了，接着就是找人。我心里很清楚，蠡湖办是一个临时机构，无编制、无职级，但至少要干5年之上，如果市领导出面直接到部门单位去抽调一线骨干，单位不能不给，但领导心里又舍不得给；一线骨干个人怕借到这么长的临时机构工作，等到自己再回原单位，原单位领导可能已经更换，担心自己原来的位子被人顶替，同时对自己今后的升迁会有较大影响。这样指令性硬调人员可能会给被抽调单位和骨干个人带来很多尴尬和心理压力。于是我另辟蹊径，从三方面着手找人：一是三顾茅庐，寻找已到法定退休年龄的业务型干部，他们大多阅历丰富、知识丰富、经验丰富，但年轻时由于历史上许多主客观原因，他们错失了充分发挥才能的工作机会，他们大多十分珍惜人生能够发光发热的最后工作机遇，一旦找到了发挥余热的合适位置，便会竭尽全力地投入工作。二是寻找已退居二线的业务型干部，他们具备与退休干部同样的潜质，但较退休干部精力更充沛。三是寻找刚刚分配到单位不久，还没有职务、暂不是单位骨干力量的年轻人，让他们认识到，一踏上工作岗位，就参与如此规模的大项目，对自己今后的工作是十分有益的，鼓励他们在实践中锻炼和成长。这三种人组成的蠡湖办工作班子，当时被外界戏称为“幼儿园、养老院”，我也确实走了一盘险棋。但以后几年的实践证明，我们在“容易被人忽略的人群中开发到了人才资源”。工作班子搭就，我带领大家实地考察、统一思想、明确目标、制定计划。

当时市委、市政府对蠡湖办的工作提出“四个最大限度”的要求，即：最大限度保护利用现有资源，降低整治和建设成本；最大限度追求蠡湖新城的规划品位和建设质量；最大限度追求蠡湖的长远效益和整体效益；最大限度追求蠡湖新城建设对无锡经济社会发展的影响力。

2002—2008年的六年中，在市委、市政府的统一领导和部署下，蠡湖办充分发挥政府对蠡湖地区规划建设的统筹协调和组织领导作用，牵头组织项目的审查论证和实施，提高蠡湖地区规划建设的组织程度、协调力度和工作效率，坚持工作例会制度，及时协调解决规划设计、工程拆迁和工程施工中部门单位之间、工程之间的问题和矛盾，确保各项工程建设的紧密衔接、有序高效实施、规范运作、顺利推进（图2-4）。

按照1993—1995年吴良镛亲自带队、清华大学完成的《无锡“山水城市”建设模式研究》等报告中提出的“蠡湖新城要把太湖（蠡湖）山水引入城市，形成以绿化和水面为主的大型公共开敞空间”的要求，防止和避免西方城市已出现的“四大爆炸”[①]和“三大破坏”[②]的“城市病”。为了做出一个既反映无锡历史文化和地方特色，又具有时代特点的一流规划，我们和市规划局在选择设计单位时，考虑到当时国际上著名设计公司是不可能委派有实力的设计师真正到无锡这样非一线城市参与方案招投标的实际，实事求是地采用有价征集方案的办法，分别委托不同的设计公司，要求其各自编制二三个不同思路的蠡湖地区概念规划。当时每次设计单位来现场调研，我都要陪设

①
19世纪中下叶英国工业革命造成的环境污染，即：环境问题大爆炸；住宅问题恶化，城市人口爆炸性增长；人口单向流动，城市失业者大爆炸；乡村土地无人耕种，乡村衰竭问题大爆炸。

②
19世纪中下叶英国工业革命对环境的破坏，即：对空气的污染，对河流的污染，对自然环境和城市环境的破坏。

图2-4 在原蠡湖办办公室（水星饭店）讨论规划方案

计人员首先到鼋头渚鹿顶山远眺太湖、北望城市中心区、俯瞰蠡湖，所有设计师看后都要不约而同地问同一个问题“甲方有什么要求”，我强调沿蠡湖必须全部开放。但设计师看了现场以后都觉得不可能。因为当时蠡湖边有很多单位及建筑，住着很多老百姓，担心规划做好了，但最终实现不了，设计费都收不到。我看出了他们的疑虑，对他们说，如果无锡这样经济发达的城市都做不到，中国还有哪几个地方能做到？无锡一定要做到，也一定能做好，这就是中国特色社会主义能集中力量办大事的优越性，这就是无锡强大的经济实力和坚定的生态文化自信。经过缜密论证，最终曾经成功设计过悉尼奥运村、香港迪士尼乐园等项目的美国泛亚易道公司编制的规划得到专家和领导及各界代表的认可。

图2-5 无锡市《五里湖（蠡湖）地区概念规划》成果汇报暨专家论证会

蠡湖地区地处太湖风景区周边，规划设计必须做到自然生态与城市有机结合，体现“山城互望、城湖交融、山水入城”的山水城市空间格局特色，真正实现“真山真水融入城、生态林地锲入城、沿河沿路绿绕城”的规划高标准、设计高要求，这对泛亚易道公司来说，也非常具有挑战性（图2-5）。

在设计过程中，有一个小故事。泛亚易道公司的总设计师莱斯在设计蠡湖之光方案时，由于其设计的方案与蠡湖的水、大背景的山和城市的关系始终达不到最佳效果，且没有无锡山水城市应有的个性特色，拿出的十几个方案屡次被蠡湖办否决。后来莱斯茶饭不思，于是我和杨志毅总工程师等邀请他一起用餐，莱斯受小餐厅墙上一幅太湖泛舟的油画启示，突发灵感，设计了如今我们所看到的蠡湖之光。该设计融入了无锡的山水元素，由一系列形似太湖帆船型钢质构架和木栈道及百米高喷共同组成一幅山水画卷，其背景为太湖山峦以及宽阔的蠡湖水面，寓意山水美景与现代气息相融，是集观赏功能与使用功能为一体的城市标志性景观。2003年10月蠡湖之光建成开放后，成为无锡市政府网站和无锡城市很多大型活动的背景画面，成为继锡山龙光塔后的又一城市新地标。蠡湖之光船帆型雕塑还荣获“2005年度全国优秀城市雕塑建设项目”优秀奖。泛亚易道公司决定把蠡湖作为自己单位在中国的现场设计教育点。通过蠡湖之光的设计，进一步加深了我们对山水城市规划设计的理解。如果仅仅把其当作产品设计，就可以无限复制；如果因地制宜，把其作为作品设计，那它就有唯一性，就有地方文化个性特色。

有一个适合城市特质并高起点的城市发展规划，是科学建设山水城市的关键。我们在完成编制蠡湖地区总体规划（概念规划）后，还先后编制了生态建设规划、旅游休闲建设规划以及蠡湖文化策划等，并有意识地将体育元素、体育功能融入其中，为蠡湖地区的功能定位和长远发展编制了可持续发展的蓝图。

经过缜密的思索和反复实地考察，我们认为，《无锡市总体规划（1995—2010年）》提出的“三城一中心”，其中蠡湖新城就是“山水城”建设的重点。我们在蠡湖地区建设“山水城”，首先就是要还湖于民、还绿于民（图2-6）。

坚持建城先理山和水、建城先建路和绿的城市建设新理念，把山水引入城中，形成“山-水-城”的城市形态，营造良好的生态环境，让百姓享受“山水城”带来的最普惠的民生福祉。因此，在科学编制规划时，我们具体提出了“六个先行”“三个同步”的设想。

“六个先行”：

（1）先行控制规划范围内所有项目建设审批；

（2）先行治水；

（3）先行基础设施建设；

（4）先行安置农民、渔民；

（5）先行绿化生态建设；

（6）先行设置投资新城内项目的准入门槛。

“三个同步”：

（1）新城文化策划建设与新城规划建设同步；

图2-6　整治后的西蠡湖

(2) 新城基础设施建设和新城增绿、造景、生态修复同步;

(3) 新城建设与新城管理同步。

一是先行控制项目审批。我常说:“在做规划时,我们要敬畏自然、尊重文化,而在建设时要敬畏规划。规划是一个系统工程,规划考虑的是一个城市的整体利益和根本利益,它是不为近期利益、眼前利益和局部利益所左右的,所以我们对批准的规划就是要坚持到底,排除一切困难和干扰去实现我们的规划,实现我们的理想”。我们把“高标准定位、高水平设计、高质量实施”作为建设原则,坚持规划、设计、实施同步研究、统一考虑。蠡湖办一成立,我们在实地调研时发现蠡湖周边黄金地段土地大都已经出让或正准备出让,一些投资者正看上规划范围内的房产、地产,准备以低价受让,于是我们顶住压力,以对历史高度负责的态度,先要求市规划局、国土局暂停土地已批但尚未开工建设工程的许可证发放,暂停办理规划范围内所有土地的使用权转让、出租、抵押等手续;要求房管局暂停办理规划范围内房屋权属转移、变更、抵押等手续;要求有关部门重新审定这一地区原锡山市和郊区、山水城旅游度假区等早先批建的项目,全面梳理蠡湖周边的已批未建工程。

坚持以开放为前提,用最严格的制度措施,在确保全长38千米的沿湖用地全部向市民和游客开放,不留单位集体和个人私有空间的前提下,调整审批原有项目方案。确保正在编制的规划能真正得到有效实施,提升广大市民的获得感、幸福感、自豪感,同时为政府日后节约大量的收购、拆迁等资金。

二是先行治水。蠡湖是大自然对无锡的恩赐。根据无锡市委、市政府践行科学发展观,把蠡湖作为综合治理太湖梅梁湖水环境的一期工程,为太湖流域治理探索一套有效方法的要求,蠡湖新城的建设必须先行治水。

我们经实地考察学习,反复研究了日本琵琶湖、英国泰晤士河和昆明滇池等国内外淡水湖泊治理的经验教训,坚持“综合治水、科学治水”的原则,综合发挥蠡湖的天然禀赋效应,全面实施蠡湖生态清淤、污水截流、退渔还湖、动力换水、生态修复、湖岸整治和环湖林带建设六大工程。

在如今的太湖治理乃至无锡大小湖荡湿地、河道的整治中，都采用了蠡湖整治的思想精髓及关键的工程措施（详见《蠡湖综合整治及新城建设记》）。

三是先行基础设施建设。先行基础设施建设，就是把道路作为新城交通骨架、基础设施载体的同时，更把道路作为山水城市的艺术骨架及绿色景观廊道，同时又作为国内外体育赛事的比赛用道，为新城的可持续发展、特色化建设打好基础。蠡湖地区路网包括金石路（缘溪道）、山水东路等外围路网和蠡湖新城路网。蠡湖新城路网由环湖路（太湖大道—蠡溪路）、鸿桥路（太湖大道—蠡溪路）、隐秀路（太湖大道—蠡溪路）3条环线路和望桥路（隐秀路—宝界桥）、望湖路（隐秀路—环湖路）、望山路（隐秀路—环湖路）3条放射道路组成。在规划建设过程中，我们把蠡湖周边的自然山水作为道路的借景和对景（图2-7）。所有管线基础设施随路同步埋设，污水全部截流；结合路网建设，调整理顺

图2-7 望桥路

区域内“两纵两横”（“两纵”即新城河、蠡溪河；“两横”即鸿桥河、陆典桥河）的河网水系，把蠡湖水引入新城内部，既保持水系畅通，又为新城内部今后形成江南水乡特色、开展水上活动创造基础条件（图2-8）。结合湖岸整治和环湖林带建设，沿蠡湖建设公共水上码头22个，公共停车场22个。

四是先行安置农民、渔民。如何处理好人与自然的关系，真正坚持以人为本，最大限度地保护好失地、失企和失房农民的根本利益，是关系到蠡湖整治及新城建设工作是否能顺利推行的首要问题。蠡湖综合整治建设一启动，我们就积极宣传市委、市政府决策蠡湖新城建设的目标，即推进蠡湖水环境综合整治，整治后蠡湖沿湖全线开放，真正还湖于民，从而提升改善无锡人居环境。先行实施的蠡湖水环境治理，赢得了全市人民特别是蠡湖地区世居农民的理解和支持。究竟如何解决蠡湖周

图2-8 新城河

边世居农民敏感的征地拆迁问题，对此我们一开始就进行了大量的调查研究，作了充分的论证，提出“必须坚持以人为本，维护被拆迁农民利益”的总体思路。我们会同市有关部门和滨湖区有关单位，拟订了切实维护保障被拆迁渔民、村民和集体经济利益的《蠡湖地区征地拆迁补偿办法》，先后八易其稿，报经市政府审定后施行。为什么要花如此精力制定这一补偿办法呢？因为当时蠡湖地区农村的实际情况是，一个行政村往往被不同路、河分隔成若干个自然村，同一个行政村居民又分布在不同的规划地块。按照无锡市先前的征地拆迁政策实施，就会造成同一个行政村居民由于拆迁工程性质和拆迁时间不同而享受政策待遇不同，使被拆迁人感觉征地拆迁补偿严重不公平、不合理。针对短时期内基层干部面对同一地区要做不同工程性质项目的拆迁工作，被拆迁人又享受不同的拆迁补偿标准，基层干部很难向群众解释，群众也很难接受。

《蠡湖地区征地拆迁补偿办法》从实际出发，规定无论何时拆迁，不论是道路拆迁、环境（绿化）拆迁还是地块开发拆迁，对蠡湖新城内失地农民的征地拆迁安置补偿都按同一政策标准执行，这就避免了因地块位置性质不同和拆迁时间不同而执行不同政策和补偿标准导致的矛盾，确保了征地拆迁的顺利进行。同时我们精心规划，坚持“以人为本”，在蠡湖新城中心地段建设农民安置房，做到在安置房社区的选址、建设标准、户型结构、设施配套、环境与交通条件等方面让被拆迁农民满意（图2—9）。

在安置房建成以前，为满足部分特殊家庭的租房要求，还相应建设了简易安置过渡房。如为了建设长广溪湿地公园，需拆迁石塘村、淼庄村渔民的房子。我们在调查中发现，这里的渔民大多数信仰天主教，而周边农民一般逢年过节要上香祭祀祖宗，不愿意把房子租给不同信仰的渔民，为此我们在石塘村先建设一批每户50平方米的过渡房，供渔民拆迁过渡。在搞好拆迁安置补偿的同时，我们还把蠡湖新城规划范围内5500名被拆迁农民全部接入市社保，彻底解决他们的后顾之忧；新城内新建的管理服务行业优先安排失地农民就业，失地农民享受与市民同等的就业待遇。还提出了按被征用土地的5%留给所在镇、街道，按规划要求开发建设，作为解决历史遗留问题和农民增收的留用地等政策，使被拆迁农民不仅没有因

图2-9 农民安置房

为征地拆迁而影响安居乐业，而且让农民变成了市民，给农民带来优先享受城市化进程成果的机遇，让山水城市的建设成为各方参与、共建共享的共同行动。为了永远铭记这些“舍小家、为大家”的企业和世居农民为蠡湖建设作出的贡献，我们在宝界湖畔公园建设了“铭记亭”（图2-10），把为蠡湖新城建设牺牲集体和个人利益而拆迁的企业、村庄名称刻在铭记碑上。

五是先行生态绿化建设。我经常说，“为什么沿海城市的市民思想比较开放，容易接受外来事物？因为大海是宽广开放的。而蠡湖（太湖）就在我们城边，但湖岸线却被许多单位、社区等当作私有领地占用着。我们要把蠡湖沿湖全线向市民和游客免费开放，打造成一个城市的公共会客厅，让一代又一代无锡人，面对宽阔的蠡湖，变得越来越开放、包容、大度，进而能成就大业”。因此，在综合治水时，我们强调蠡湖沿湖必须先结合湖岸整治，全线建设成环湖生态林带，尔后向市民及游客全线开放，把原先被不同程度占用、分割、封闭的湖岸线，全面进行绿化生态修复，还湖于民，造福于民，不留任何私有领地（图2-11）。对于威尼斯花园、太湖山庄等在蠡湖新城建设前已建设完成的高档住宅小区所占用的湖岸线，我们采取在湖岸线以外建一条绿化长廊，既避开已建住宅又做到全面开放，还维护了原小区居民的利益及安全性；对于在蠡湖新城启动建设前土地已批但尚未开工建设的山水湖滨、虹桥花园、湖玺山庄等规

图2-10 铭记亭

图2-11 沿湖开放绿地

划同意保留的沿湖住宅区，我们要求投资商把沿湖土地让出作为公共开放岸线，并按统一规划，负责投资建设（图2-12）；对于在蠡湖整治前土地已批，但不符合蠡湖规划的海兰房地产开发公司等项目置换用地。通过这些做法，确保蠡湖沿湖38千米岸线，真正成为市民和游客享用的城市客厅，全天候免费开放的生态公园。有了好的规划和设计，关键是靠高质量的实施来体现，为确保建设的质量和品位，我们借鉴国外工程建设“谁设计，

图2-12 沿湖开发商让出或自建开放绿地

图2-13　设计单位委派的监理保罗在现场监理

图2-14　蠡湖办召开项目现场会，分析点评施工质量

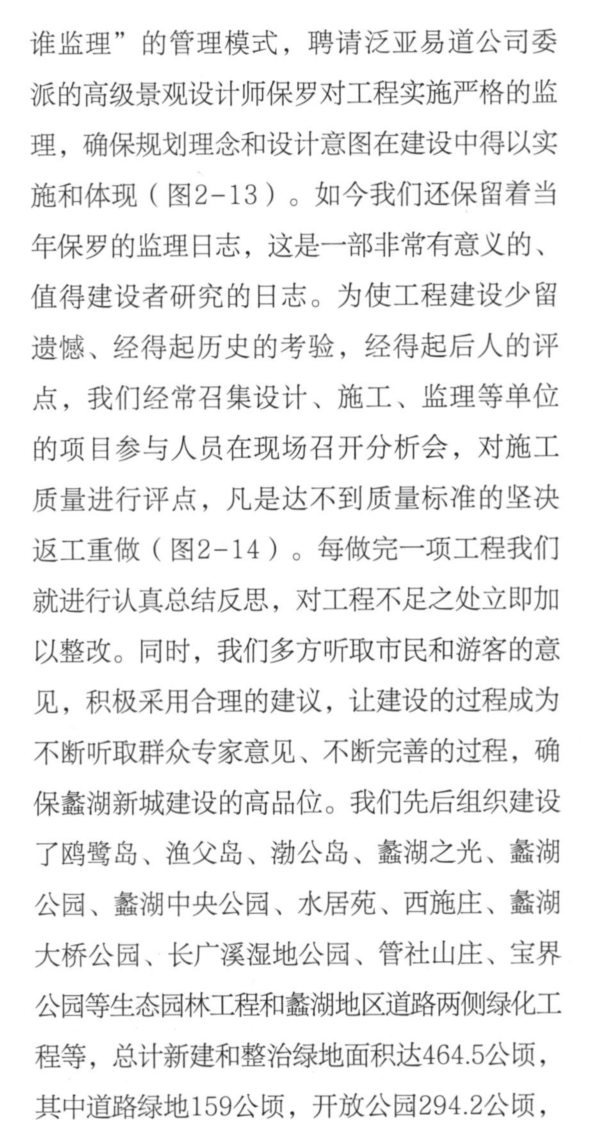

谁监理”的管理模式，聘请泛亚易道公司委派的高级景观设计师保罗对工程实施严格的监理，确保规划理念和设计意图在建设中得以实施和体现（图2-13）。如今我们还保留着当年保罗的监理日志，这是一部非常有意义的、值得建设者研究的日志。为使工程建设少留遗憾、经得起历史的考验，经得起后人的评点，我们经常召集设计、施工、监理等单位的项目参与人员在现场召开分析会，对施工质量进行评点，凡是达不到质量标准的坚决返工重做（图2-14）。每做完一项工程我们就进行认真总结反思，对工程不足之处立即加以整改。同时，我们多方听取市民和游客的意见，积极采用合理的建议，让建设的过程成为不断听取群众专家意见、不断完善的过程，确保蠡湖新城建设的高品位。我们先后组织建设了鸥鹭岛、渔父岛、渤公岛、蠡湖之光、蠡湖公园、蠡湖中央公园、水居苑、西施庄、蠡湖大桥公园、长广溪湿地公园、管社山庄、宝界公园等生态园林工程和蠡湖地区道路两侧绿化工程等，总计新建和整治绿地面积达464.5公顷，其中道路绿地159公顷，开放公园294.2公顷，沿湖开发商按规划设计要求自建开放绿地11.3公顷。沿湖开放绿地规模相当于原来的37个蠡园。

六是先行设置投资准入门槛。在2002年12月10日蠡湖办成立后的第12天，我们就在工作会议上要求对蠡湖新城内今后地块开发，坚持公共利益优先原则，先行设置投资建设准入高门槛，以充分发挥土地效用，控制投机炒地，要求拟参与蠡湖新城地块竞标的开发商要有与山水城市共同成长发展的社会责任，要求其先编制地块开发建设方案，方案必须经市政府组织专家评审，确认其方案符合蠡湖地区规划理念和功能要求并能提升山水城市建设品位的，方有资格参加土地竞拍获得开发建设权。

通过设置高门槛，使有实力、有理念、有责任、会经营的投资者入围，从源头上确保蠡湖新城建设的品位、水平和质量及今后运营管理的规范化。

同时，我们还严格规划事前、事中、事后全过程管理，不就事论事以地块就地平衡资

图2-15 整治后的蠡湖金色港湾

金，确保高质量的规划得到有效实施，真正落地（图2-15）。

在实施“六个先行”过程中，我们还做到“三个同步”。

一是新城文化策划建设与新城规划建设同步。蠡湖新城，作为无锡山水名城建设的启动区、示范区，在规划建设中如何把握蠡湖山水文化的特征，把文化根植于蠡湖综合整治建设全过程，挖掘、光大和传承蠡湖文化的底蕴，关系到能否体现文化渗透力、保持文化生命力，提升蠡湖乃至无锡山水名城的品位问题。我们认为，对蠡湖文化的体现，更多的应该是延续历史文脉、留住城市记忆和创造今天的文化价值。

蠡湖新城作为无锡山水名城的重要和先行探索板块，一要充分利用自然山水文化，二要充分挖掘历史文化，把文化融入新城。

历史上无数诗词、歌赋、绘画描绘的大都是山峦、河湖、原野、田园、寺庙、园林……只有山水和文化相互依托，以文化为引领，提升新城的文化内涵和城市品质，新城的建设才具有生命力，才具有可持续发展的条件。

蠡湖地区山明水秀、人文荟萃。这里有春秋时期范蠡偕西施泛舟五里湖的传说（图2-16），有东汉末年张渤带领邑人开凿浦岭门、犊山门，使太湖、蠡湖相连，无锡成了旱涝保收富庶之地的民间故事；这里有明代东林党人高攀龙隐居和东林党人相聚场所的“可楼”遗址；这里有明代著名书画家、官至兵部车驾郎中王问的隐琴园；这里有无锡国学专修馆校长唐文治的“茹经堂”；这里有一批出生在蠡湖地区、矢志实业救国的实业家，有他们造福桑梓，建造的蠡园、渔庄、宝界桥以及60年后荣智健在宝界桥旁新建的宝界桥；这里有无锡历史上三大画家东晋顾恺之、元代倪云林、明代王绂在蠡湖边创作的大量传世之作……关于蠡湖的文化非常丰富，但是书面的、

图2-16 范蠡西施泛舟图

口头的多，有形的载体、具象的文化少之又少。

面对源远流长的蠡湖文化，我常常在讨论规划和论证文化项目时对大家说："我们无锡的蠡湖和杭州的西湖都位于城市的西南部，西湖面积6.5平方千米，蠡湖面积9.1平方千米。历史上唐宋时期，白居易（杭州刺史）、苏东坡（杭州知州）等在疏浚西湖时，把湖底淤泥堆筑了白堤、苏堤、小瀛州、三潭印月等。千年来，历代文人墨客为西湖留下了充满诗情画意的平湖秋月、苏堤春晓、曲院风荷、断桥残雪、柳浪闻莺、雷峰夕照等十大景点。现在蠡湖与西湖相比，最大的差距在文化。但我们不能埋怨蠡湖历史上没有留下当今看得见、有深度的、又具象化的文化，而要思考我们当代人给后人留下什么？"

也许我们当下呈现的文化载体有的人还不相信，但只要我们坚持把文化挖透、故事讲好、工程做好做精，真正把一个个尘封在历史书中的人物、故事、传说等激活，并通过渔父岛、西施庄、渤公岛、水居苑、管社山庄等有形载体表现出来，我坚信到我们的第二代、第三代，他们必定会认可蠡湖有丰富的文化，无锡有很深厚的文化底蕴。

于是我们特别在蠡湖办这样的工程建设机构内设置了文化策划处，聘请了文化顾问，对蠡湖进行全面系统的文化梳理和策划。在具体实施过程中，我们一改以往建设工程完成后再搞文化工程的传统模式，而是把规划设计与文化策划相结合，建设工程与文化工程无缝对接，环蠡湖区域体育设施建设与蠡湖地区基础设施建设和生态绿化建设同步进行。我们在泛亚易道公司编制蠡湖地区概念规划的同时，就开展蠡湖文化策划，组织一大批文化、史学、民俗界人士认真考证沿湖遗址、遗迹和风土人情、民俗传说，并邀请文化界人士参与路名、桥名、景名等研究，先后组织规划、建设、园林、文化等方面的专家经过40多次反复论证、修改、完善，使得蠡湖地区的规划既满足蠡湖新城的功能要求，体现人与自然和谐的生态规划理念，又充分展现蠡湖地区的人文底蕴。弘扬蠡湖文化，编辑出版《水镜廊太湖书画作品集》《蠡湖今胜昔》《蠡湖文化丛书》等，举办蠡湖征文摄影大赛，设想把蠡湖文化故事具象化，变成城市的历史。蠡湖办坚持每年春节后上班第一天邀请文化界人士举行新春座谈会，听取专家对蠡湖文化建设的意见和建议，并及时将其融入工程建设中。在总体文化策划的指导下，精心设计实施每项文化工程。

9.1平方千米的蠡湖被蠡湖大桥、宝界桥、犊山大坝自然地划分为四块湖面——金城湾、东蠡湖、西蠡湖、管社山东湖区，我们根据四块湖面及沿岸的不同山水组合和拥有的人文资源精心设计建设，并按照金城湾“闹”、东蠡湖“动”、西蠡湖“静”的规划进行功能分区，力求自然与人文达到最佳结合。

二是新城基础设施建设和新城增绿、造景、生态修复同步。我们在蠡湖新城道路、水系建设过程中，生态优先的理念贯穿“山水城”规划、设计、实践的全过程，生态建设时充分尊重原有的地形、地貌、水文、植被等自然条件。我们采取了一系列增绿、护绿、再现文化的做法，塑造蠡湖的特色和个性，同时为政府节约大量的财政资金。

图2-17　环湖路独具特色的金色、绿色通道和被保留下来的香樟树大道

如对环湖路拓宽改造时，为全力保留、保护路两边浓荫蔽日的香樟树和水杉林。我们不生搬硬套道路设计规范规定的机动车双车道宽要7米或7.5米，而是通过采取对机动车交通限速等措施，实施机动车从太湖大道至宝界桥单向行驶，对老路只作路面改造，不作拓建，保持原有路面6米左右宽度，以保留、保护路边两排已有数十年树龄、浓荫蔽日的（行道树）香樟树（图2-17）。为满足交通需要，在老环湖路东侧新建一条平行道路，实行机动车从宝界桥至太湖大道单向行驶。为保留新建路与老路之间的成片水杉林和大树，因地制宜确定道路中分带宽度（8～20米）不等。无锡市以前的城市道路绿化中分带宽度一般是全线统一的，车行道宽度是按规范设计的，我们为了保绿护绿，留住自然生态的历史记忆，用创新的理念，反复调整道路设计，因地制宜确定道路及中分带宽度。为了增加沿蠡湖开放公园的腹地进深，同时保护沿湖大树，对宝界桥两侧的原环湖路适当向原欧洲城、亚洲城景点一侧改

线。与此同时，对蠡湖新城内所有道路都相应建设两侧不小于20米宽的绿化带，把无锡过去沿路破墙开店的违章现象从源头上彻底禁绝，使道路真正成为具有山水城市特色的景观道路及生态走廊、视线走廊、健身和体育赛事通道。

又如我们充分利用退渔还湖工程留下的大量湖底土方资源，在西蠡湖堆筑鸥鹭岛、渔父岛、渤公岛、蠡堤、西堤和几个无名生态小岛，在东蠡湖堆筑西施庄等来增加蠡湖中景，通过造景增绿，构建蠡湖近、中、远空间景观，丰富蠡湖空间景观层次和文化底蕴（图2-18）。

说到蠡堤，我也有一个难以忘怀的故事。西蠡湖整治建设基本结束时，在渤公岛和渔父岛之间留下当年围湖造田的一条直堤，是“留”是“去”社会各界争论不休。去掉很简单，如果要留下来建设，应该怎样建？建成后会达到怎样的效果？2005年大年初一，一位市民给市领导写了封信，主张利用现有资源保留这条堤，4月30日市领导察看渤公岛时在现场搞了个民意测验，问正在健身的市民这条堤去掉还是保留，人群中五分之三的人提出应该留，五分之二的人认为应该去掉。“留”还是“去”，市政府把这个决策任务交给了蠡湖办。6月2日，蠡湖办召开由规划、设计、建设、文化界等人士参加的“蠡公堤（当时设计用名，即蠡堤）设计方案讨论会”：一是回应社会各界对堤“留” 与“去”的不同意见，表明蠡湖办的态度；二是对堤如留下来，应该如何建设要听取多方面的意见。会上，一半专家同意留，一半专家坚持去，会议小结时，我提出了个人的观点，蠡湖之光—渔父岛—蠡堤—渤公岛—蠡湖之光一圈，正好是5.6千米，是人们每天科学健身的最佳步行距离。但建这条1200米的堤，一定要以文为魂，充分考虑景观和观景两方面的效果，同时满足行人的交通要求。

图2-18　西施庄

蠡堤建设五字要求：低、通、细、轻、弯。

我当时对蠡堤建设提出“低、通、细、轻、弯”五个字的设想：一是堤要“低”，不能高，要亲水；二是堤两边的水要“通”，确保西蠡湖湖水的流动；三是堤要“细”，不能太宽，不能占用过多水面；四是堤要“轻”，形似飘拂在湖面上，堤上不搞大体量建筑，保持空间通透；五是堤要“弯”，打破原有直堤的形状，堤不能是一条直线，要做到蜿蜒起伏，步移景异。蠡堤应该设计成西蠡湖的中景，同时也是一条连接渤公岛和渔父岛的行人通道和西蠡湖中的最佳观景廊道。建成后的蠡堤，达到了预期的目标（图2-19）。

再如长广溪国家城市湿地公园，是2005年5月国家建设部首批公布的九个国家城市湿地公园之一，属淡水河流湿地。建设长广溪这样大面积的湿地公园，在无锡尚属首次，我们强调“不是纯粹为了建设湿地公园而建设湿地公园，重要的是通过建设人工湿地公园，达到治理水污染的目的，兼顾公众游览和科普教育功能，形成以城市湿地风貌为特色的，集生态、休憩、人文、科普为一体的国家级城市湿地公园”。长广溪湿地公园内建有沉淀过滤、平行过滤、重力过滤和生物过滤等4种生态湿地净水系统，以此来治理长广溪及两侧一定范围内的地面及路面雨水，从而改善入湖河道的水质。我们还在拆迁山水城旅游度假区村民后，

图2-19 蠡堤

（a）利用拆除的自来水管架桥底座在长广溪建设自然生态小岛

（b）长广溪石塘廊桥

（c）长广溪湿地公园西入口保留的古银杏

（d）长广溪湿地公园山体石宕复绿

图2-20 长广溪国家城市湿地公园

专门保留原漆塘村村庄内树龄近百年古银杏树，并在山水东路上建设公园西入口；把702所宕口至山水东路之间的坡地，作为矿山整治工程的延伸项目进行石宕复绿；利用横跨东蠡湖水面上连接中桥水厂和的小湾里水源厂之间的大型的自来水管架桥爆破后留下的基座，建成鸟类栖息的湖中小岛；拆除原通行机动车的石塘桥，建集景观、观景、文化为一体的人行石塘廊桥。石塘廊桥采用江南园林廊桥形式构筑，由亭、堤、廊、桥构成，是观赏东蠡湖、长广溪景色的最佳处，同时本身也成为公园的特色景观之一。为呈现蠡湖文化，廊桥横梁上镌刻有姑苏香山派精细木雕36幅，两侧桥亭各竖石碑1块，记载着蠡湖地区悠久的人文历史和民间传说。石塘廊桥与湖中小岛、西施庄等，共同组成了东蠡湖丰富的空间景观（图2-20）。

为进一步完善蠡湖的功能，结合宝界桥东

南堍中国水产科学研究院淡水渔业研究中心的搬迁，在宝界公园建设一座3000席位的水上自然生态型露天舞台，把山水作为背景，体现无锡山水城市、湖滨城市的特色（图2-21）；结合望桥路、望湖路建设时，拆除沿线单位和长桥村的住宅后，充分利用废弃多年的原影视外景基地欧洲城和亚洲城的存量资产，建设了蠡湖中央公园，还给市民一个免费开放的、享受现代都市生活情趣的生态及夜景公园。

三是新城建设与新城管理同步。

通过建设为管理创造硬件条件，通过管理来巩固建设成果，延长建设寿命，促进新城共建、共治、共享。

蠡湖整治工程建设一开始我们就请市园林局明确管理接收部门，组建管理团队，要求具体管理者提前介入，参与设计方案论证、工程实施直至工程验收，熟悉了解工程建设的全过程。每个项目一竣工，立即移交管理部门进行日常养护管理。我们每周召开的工作例会，园林局都派管理人员参加会议，一是让他们了解每个工程的设计意图、工程进度，隐蔽工程情况，对工程项目实施提出建议；二是我们对景区管理提出要求，做到建设与管理无缝对接。在建设过程中，蠡湖办积极为园林局解决景区管理业务用房、作业用房及建设公共配套服务设施等，为其日后管理创造条件，让蠡湖新城的建设品位通过有效管理得到维护和延续。

图2-21　宝界湖畔公园水上舞台

在蠡湖新城建设的6年中，为做到工作既有规范，又有效率，蠡湖办先后制定了《蠡湖地区规划建设领导小组办公室职能、各处室职责》《工作人员廉洁自律准则》《关于分包工程总包管理费、总包配合费计取的有关规定》《进一步加强蠡湖地区市政环境建设项目资金管理的意见》《进一步加强蠡湖地区建设管理和资金管理的意见》《关于蠡湖地区市政环境建设项目拨款审批程序的通知》《关于蠡湖地区市政环境建设项目概、预算编制、上报及审批意见的通知》《关于蠡湖地区市政环境建设项目决算编制、上报及审批意见的通知》《关于建立会签程序等管理规定的通知》《关于印发〈跟踪审核单位监督考核制度〉等内部管理制度的通知》《关于印发〈关于加强环境建设项目招投标管理的若干意见〉的管理制度的通知》等规章制度；在每周工作例会前，播放反腐警示片，要求参与新城建设的干部和单位在“热线”上始终保持清醒头脑。在制定管理制度的同时，我们还主动要求建立监督机制，2002年蠡湖办成立之时，为规范资金使用，由市财政局派驻财政审核组；2005年，由市纪委在蠡湖办设立纪检组；财政审核组、纪检组全程参与、监督各项工程实施。我们还坚持每年一次由市审计局对蠡湖办的工程资金、规划设计费用、管理经费三项资金使用情况进行年度审计，及时发现并提出问题和整改建议。

坚持用心做事，以诚待人，坚持工作讲效率、运作讲规范，努力做到工程优质，干部优秀。

经过六年时间的蠡湖综合治理，沿岸向蠡湖直排污水的零星企业和居民点消失了，沉积了数十年的有害淤泥大部分清除了，直流入湖的污水被截住了，蠡湖水面面积由原来的6.4平方千米恢复到9.1平方千米，沿岸建起了305.5万平方米的生态湿地公园和防护林带，属于国家“十五”重大科技项目的太湖水污染控制与水体修复工程，也在蠡湖整治中有序实施。西蠡湖区域内水生植被的覆盖率恢复到30%以上，湖水能见度从20厘米升至80厘米，生态系统的净化能力和稳定性得到了一定的提高。蠡湖高锰酸盐指数和总磷指数全部年份均达到Ⅳ类水质标准，总氮和富营养化指数总体呈下降趋势，水环境状况得到改善，提前达到了国家2010年考核目标要求。蠡湖经受住了2007年的“水危机”，蠡湖的综合整治得到国务院领导的充分肯定，并提出推广“蠡湖经验”，作为综合整治全国“三河三湖”的有效方法。

历经6年努力，蠡湖新城道路主骨架及基础设施已基本形成，建成以隐秀路、鸿桥路、环湖路、蠡溪路、望山路、望湖路、望桥路、金城西路、金石路等为主骨架的蠡湖路网；疏浚并沟通了以蠡溪河、新城河、鸿桥河、陆典桥河为主的新城水系；相应完成了沿路两侧159公顷的绿地及市政管网等基础设施建设；环蠡湖38千米开放公园已向公众开放；进一步改善提升了无锡城市形象，展示了人文生态、开放包容的城市发展理念（图2-22）。先后获得2004年无锡市科学技术最高奖——腾飞奖、2005年第23届国际滨水中心环境景观设计最高奖，2006年国际地产协会卓越成就奖，2006年建设部人居环境范例奖和2007年加拿大景观建筑协会的最高荣誉国家奖。2006年9月，联合国环境规划署在蠡湖展示馆召开了亚太地区未来领导人培训班，组织学员实地考察蠡湖生态建设，并举行“蠡湖新城生态建设评估标准和蠡湖生态

图2-22　整治后的蠡湖金城湾

图2-23　联合国环境规划署亚太地区办公室主任史仁达先生在蠡湖展示馆办公室

评审组专家点评：

绿树成荫，波光粼粼。面对蠡湖新城，人们对它赞美是那么的由衷。作为华东地区最大的开放式公园，蠡湖新城是无锡城市建设最精彩的一笔，是无锡生态环境建设的代表之作。它带给了我们清澈的湖水，优秀的自然景观、丰富的人文景观和许许多多可圈可点的理念。它是无锡含金量极高的一张城市名片，被联合国官员盛赞为发展中国家生态建设的典范和成功案例。因为有了蠡湖新城、无锡人才感受到身边太湖的存在与美丽；因为有了蠡湖新城，才使无锡人对家乡有了更多的热爱和自豪。

无锡广播电视集团（台）
无锡日报报业集团

图2-24　蠡湖新城获改革开放30年无锡最具影响力城建工程（第一名）

示范区项目评估会”，听取有关专家作专题讲座。无锡市政府聘任史仁达先生为无锡市第一位外籍环境顾问（图2-23）。联合国环境规划署把蠡湖作为联合国生态示范区和环境可持续发展教育基地。联合国环境规划署亚太地区办公室主任史仁达先生高度评价中国无锡蠡湖生态建设：**“蠡湖新城的规划和设计充分体现了人与自然的和谐。毫无疑问，蠡湖新城的成功案例可以作为发展中国家学习的典范。”**2008年12月，蠡湖新城获“改革开放30年无锡最具影响力城建工程”（第一名）（图2-24）。

六年中所取得的初步成效，归结于我们始终贯彻“四个坚持”。

一是坚持水是山水名城的命脉，贯彻生态优先、绿色发展，突出蠡湖水环境综合整治这个核心任务。

二是坚持“高标准定位、高水平设计、高质量实施”的建设原则，走先环境整治后项目开发的路子，确保规划有效实施。

三是坚持“把文化融入新城”的理念，强调开放和协同，促进生态建设与文化传承的有机统一。

四是坚持以人为本，注重创新和共享，重视协调平衡各方利益，让广大人民群众充分享受生态改善的综合效益，从而提升他们的获得感和幸福观，打牢和谐建设新城的基础。

我们在蠡湖整治和新城建设中落实“六个先行”“三个同步”的创新举措，贯彻“四个坚持”，创下了无锡建设史上的“九个第一”：第一个实行以农民的土地换社保；第一个实行农村集体组织征地留用地制度，按蠡湖办征用土地总量的5%用地留给所在镇、街道按规划要求建设，其收益作为解决历史遗留问题和用于农民增收；第一个导入CIS形象识别系统设计新城标志，在蠡湖整治及新城启动建设之初就确立蠡湖的品牌意识，并在国家工商局进行商标注册，为开放公园日后的管理创造条件、打好基础；第一个引进国外监理（洋监理）工程师，实施谁设计、谁监理、谁负责，确保一流的规划设计有优质的工程质量；第一个在一线的工程建设指挥机构内设文化策划处，将规划设计、文化策划和工程实施同步进行；第一个全面实行道路工程建设与两侧生态廊道绿化同步征地、同步拆迁、同步设计、同步实施；第一个为保护生态、保留大树而反复修改完善道路设计，开创了城市道路建设避让大树、保护大树，道路横断面不一、道路中分带宽度不一的生态道路设计建设新思路、新理念；第一个为防止投机炒地，实行投资者、开发商带设计方案参与土地竞标，从源头上确保蠡湖规划的实施和建设管理品位；第一个实行建设与管理有机结合、无缝对接，建设初期就明确管理单位，管理单位先行介入，参与设计论证、工程验收，同时为提高大面积绿化的成活率和水平，率先要求绿化施工单位把绿化养护期从过去长期执行的一年延长至三年。

我们在蠡湖整治和新城建设实施“六个先行”“三个同步”的过程中，创下了无锡建设史上的“九个第一”：

第一个实行以农民的土地换社保；

第一个实行农村集体组织征地留用地制度；

第一个导入CIS形象识别系统设计新城标志；

第一个引进国外监理（洋监理）；

第一个在一线的工程建设指挥机构内设文化策划处；

第一个全面实行道路与两侧生态廊道绿化同步征地、同步拆迁、同步设计、同步实施；

第一个为保护生态、保留大树而反复修改完善道路设计；

第一个实行投资者、开发商带设计方案参与土地竞标；

第一个实行建设与管理有机结合。

蠡湖新城作为无锡市委市政府确定的蠡湖新城、太湖新城、江阴临港新城、宜兴

图2-25　人与自然和谐共生

环科新城“四城建设”的先行者，我们贯彻“四个坚持”，运用的“六个先行”“三个同步”、创造的“九个第一”，为无锡其他新城的建设作了有益的探索。六年建设，2000多个日日夜夜，凝聚着艰辛、凝聚着快乐，更凝聚着决策者、建设者的责任和担当、深情与付出。如果说整治建设后的蠡湖是一张靓丽的城市名片，那么未来日臻完善的蠡湖新城将是无锡人与自然和谐共生的山水城、生态城、湖滨城的缩影（图2-25）。

图2-26 蠡湖水环境的综合治理及沿湖生态建设

蠡湖综合整治及新城建设记

世纪之初，围绕国务院提出了“十五”期间对太湖、梅梁湖、五里湖（蠡湖）的治理目标，根据《无锡市总体规划（1995—2010年）》和《“爱我无锡、美化家园”行动纲要》（2002—2004年无锡市城市建设实施计划），市委、市政府把蠡湖水环境的综合治理及沿湖生态建设，作为治理太湖和建设蠡湖新城以及建设山水城市的先行项目（图2-26）。2002年11月28日，无锡市政府办公室以锡政办发[2002]166号文下发《关于成立无锡市蠡湖地区规划建设领导小组办公室的通知》。

我作为领导小组副组长兼蠡湖办主任（法人代表），直接参与、具体负责统筹协调组织蠡湖综合整治及新城的规划建设。

从2002年11月至2008年11月，蠡湖办在蠡湖地区概念规划的基础上，先后组织编制了生态建设规划、旅游休闲建设规划以及文化策划等，为蠡湖地区的功能定位和长远发展编制了规划蓝图；坚持“建城先治水”，按照“综合、科学治理好蠡湖水，构建好新城框架，安置好农民，再有序建设新城”的工作思路，实行规划、设计、实施同步考虑，征地、拆迁、安置同步研究的工作方式，代表政府有序地组织、协调了生态清淤、污水截流、退渔还湖、动力换水、生态修复、湖岸整治和环湖林带建设等六大工程之间的实施衔接，使蠡湖水环境状况得到明显改善，提前达到国家2010年的考核目标；组织实施了道路、水系和环境等基础设施建设，建成以隐秀路、鸿桥路、环湖路、蠡溪路、望山路、望湖路、望桥路、金城西路、金石路等为主骨架的蠡湖路网；相应调整、理顺、疏浚、沟通了以蠡溪河、新城河、鸿桥河、陆典桥河为主的新城水系；相应完成了沿路两侧159公顷的绿地及管网等基础设施建设，为蠡湖新城的绿色可持续发展打下了基础；在环蠡湖38千米的岸线上（包括9.1平方千米的湖面上），先后建成蠡湖之光、渔父岛、蠡湖公园、渤公岛、鸥鹭岛、蠡湖中央公园、蠡堤、水居苑、西施庄、蠡湖大桥公园、长广溪国家城市湿地公园、宝界公园、管社山庄等总面积305.5公顷的生态公园，其面积相当于37个蠡湖，成为无锡市最大的免费开放公园和城市客厅、公共体育公园、植物园及鸟类的栖息天堂等；把挖掘、光大、传承蠡湖历史文化作为新城建设的使命，组织一大批文化、史学、民俗界人士深入挖掘沿湖遗址、遗迹和风土人情、民俗传说，始终坚持把文化根植于蠡湖整治建设的全过程。

市委市政府于2007年3月在市人民大会堂召开无锡“四城”（太湖新城、蠡湖新城、江阴临港新城和宜兴环科新城）建设动员会，明确四个新城建设的方向和阶段性目标，专题部署建设任务。2002年先行启动的蠡湖新城建设，作为当时无锡“四城建设”的先行示范者，在“四城建设”动员会上，我代表蠡湖办作了规划建设经验介绍。

第一章 规划

蠡湖景区是太湖国家风景名胜区的重要组成部分，蠡湖新城是展示无锡山水城市特色风貌的最佳地区，蠡湖新城的规划，坚持“真山真水融入城，生态林地锲入城，沿河沿路绿绕城，公园绿地点缀城”的设计思路，既满足太湖风景区规划要求，又充分体现无锡山水城市特色、时代特点及文化内涵。并按规划实行了最严格的规划管控。

第一节　蠡湖地区概念规划

规划的蠡湖地区面积达20平方千米，其中水面面积占48%，山地面积占8%，陆地面积占44%（图2-27）；规划的蠡湖新城面积为6平方千米。规划设计充分体现以人为本的理念，将蠡湖38千米沿湖岸线全部建设成为开敞式生态公园，实现自然山水与城市的有机融合，把蠡湖新城建成一个由沿湖开放公园、城市公共客厅和游憩商业、商务休闲等功能组成的旅游休闲胜地及滨湖山水城（图2-28）。

第二节　蠡湖新城生态规划

联合国环境规划署对无锡“打太湖牌，建山水城”的生态环境建设理念和做法高度关注，联合国副秘书长、人居署执行主任安娜·蒂贝琼卡，联合国助理秘书长、联合国环境规划署副执行主任卡卡海尔（Shafqat Kakakhel）等官员多次到无锡考察蠡湖生态环境建设，并把蠡湖列为“联合国生态示范区”

图2-27　蠡湖地区概念规划图

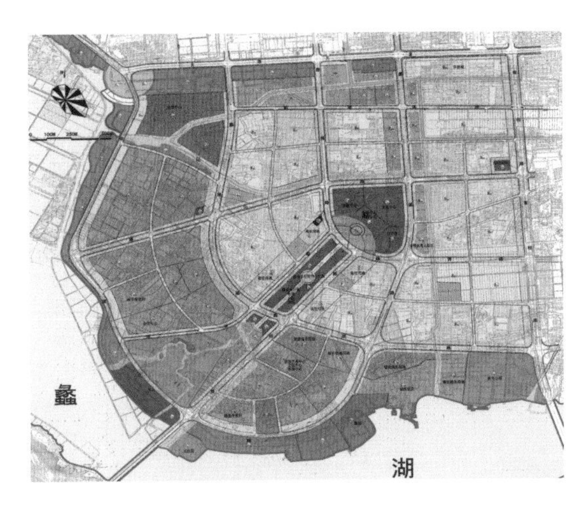

图2-28　蠡湖新城规划图

图2-29 2007年5月17日，联合国副秘书长、人居署执行主任安娜·蒂贝琼卡考察蠡湖生态建设

和“环境可持续发展教育基地”（图2-29）。为实现生态优先、绿色发展，2005年，蠡湖办委托同济大学环境科学与工程学院，编制《蠡湖新城生态建设评估标准》，即蠡湖生态建设规划：统一生态建设要求；制定生态建设门槛，把管理部门工作重点落实到验收和管理评估及推进生态制度建设上；制定具有创新性的开放性评估指标体系，引导采用市场化经济手段，推进可持续的生态建设。2006年9月，联合国环境规划署“第三届亚太地区环境和可持续发展未来领导人研修班”把蠡湖作为研修实习基地，同时邀请国内外专家对《蠡湖新城生态建设评估标准》进行了论证（图2-30）。联合国环境规划署与无锡市政府对《蠡湖新城生态建设评估标准》达成共识，并签署会谈备忘录，认为这一与国际接轨的生态标准，为蠡湖新城未来的开发建设做出了全面、系统的制度性安排，筑起了未来蠡湖开发建设的“生态门槛”。

图2-30 2006年9月，联合国环境规划署主持无锡市蠡湖新城生态建设评估标准评审会

第三节 蠡湖地区旅游规划

根据“无锡市十一五城乡建设规划”纲要中确定的蠡湖新城“休闲旅游商务区”的功能定位：建设适合21世纪发展的旅游配套区，形成无锡旅游的窗口形象区，建设世界级休闲旅游胜地。蠡湖办委托中规院编制《蠡湖地区旅

游规划》，规划围绕“旅游休闲区总体定位与发展模式”及“旅游要素链与业态布局整合”等七个部分进行设计，勾勒出蠡湖新城未来旅游休闲胜地的远景蓝图。

第四节　蠡湖地区文化策划

蠡湖山明水秀，人文荟萃。蠡湖成名，一半因山水风景，一半因人文故事。但随着时代的变迁，有形的文化载体很少，非常单薄。2002年蠡湖办一成立，就着手对蠡湖文化进行总体策划，即在修复自然山水生态的同时，生动形象地再现蠡湖历史文化，把无形的（书本上的和民间传说等）文化融入，根植于蠡湖整治建设工程有形的载体中。工程建设与文化建设同步规划、同步论证、同步实施。蠡湖的文化策划，总体上围绕范蠡西施这条文化主线，同时在顶层策划规划的基础上，分金城湾、东蠡湖、西蠡湖、管社山四大块分块细化设计建设，各有侧重（图2-31）。金城湾，在水居苑建设以明代学者、东林党人高攀龙为主题的文化景观水居苑和高攀龙纪念馆，在金城湾公园建设以“蠡湖孕育的历史名人”为文化主题，并展示荣德生、周舜卿、杨翰西、王禹卿等民族工商业者的公益事迹；东蠡湖，与蠡园相呼应，建设以范蠡、西施为主题的西施庄，建设汇集太湖诗画的水镜廊，建设国际水彩画大师程及作品美术馆，在宝界公园构建感恩治水先贤为主题的恩泽台，在长广溪建设湿地科普馆、石塘廊桥、湿地体验中心、五里天堂雕塑园；西蠡湖，建设以范蠡渔文化和工商文化为文化主题的渔父岛、蠡堤、西堤，建设以纪念治水先贤张渤为主题的，集生态、水利、人文为一体的渤公岛，构建以蠡湖人文和水文化为主题的蠡湖展示馆；管社山，建设以明末义士杨紫渊及后裔杨味云、杨苓茀等历史人物为主的“杨氏人文展厅”，修复“万顷堂”（原项王庙）、虞美人崖、驻美亭等人文历史景观，在梅园水厂原址构建“梅园水厂工业遗址陈列室”。

第五节　对蠡湖地区建设实行最严格的全面控制

蠡湖新城启动建设之初，为确保科学的规划能真正全面地有效实施，在编制蠡湖地区概念规划及蠡湖开放空间等专项规划的同时，先要求市有关部门冻结蠡湖地区规划范围内土地供给、规划许可、房产交易，暂停办理项目供地、土地使用权转让、出租、抵押及房产买卖、交换、抵押、出租的手续，同时高标准确定规划范围内

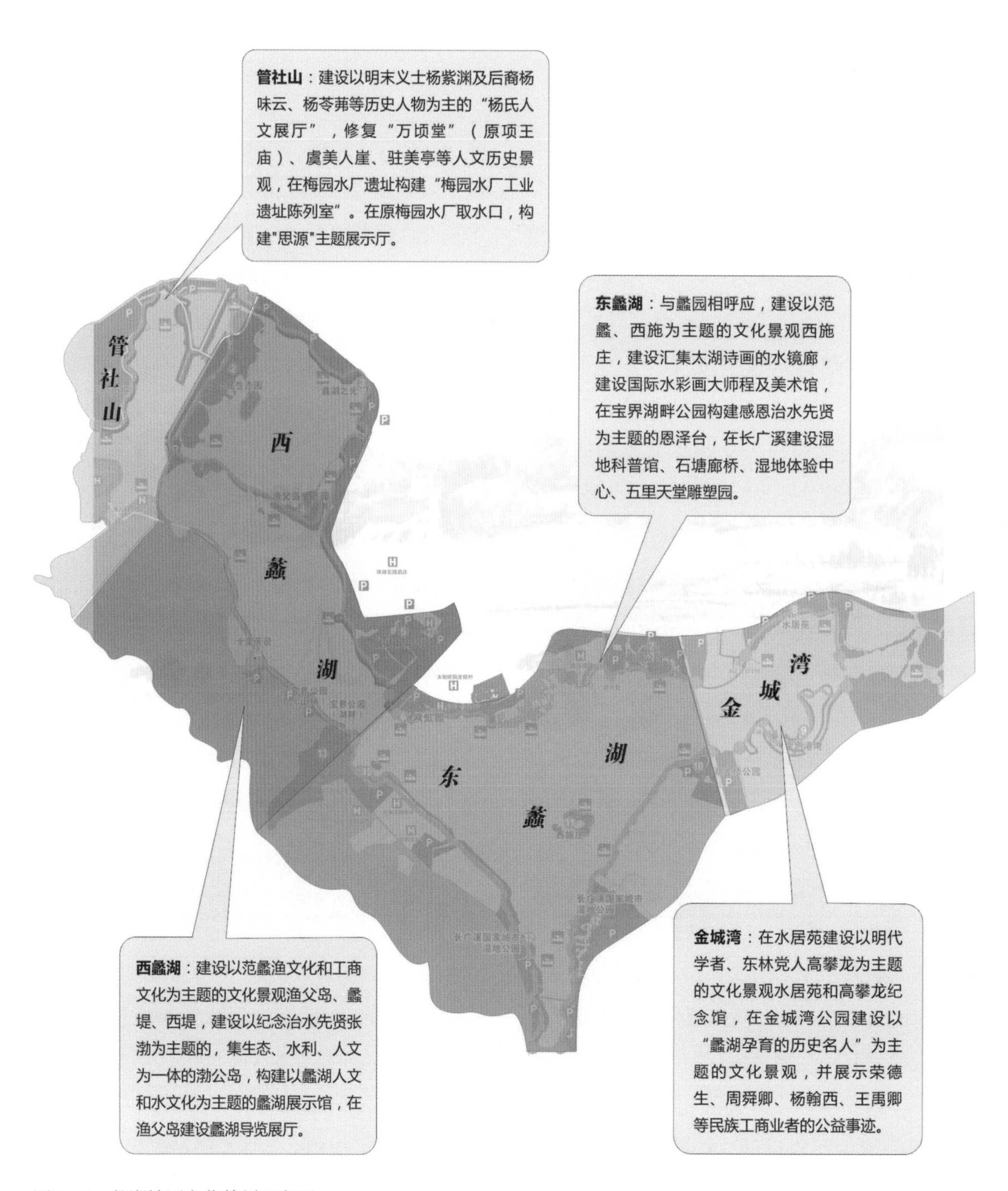

图2-31 蠡湖地区文化策划示意图

新建项目的准入门槛。全面梳理蠡湖周边原锡山市和郊区、山水城旅游度假区等早先批建、已批未建的项目，在确保38千米湖岸线全部贯通开放、不留任何私有空间的前提下，调整审批原有已批项目的方案。对于蠡湖新城启动前已批出的沿湖开发项目，因地制宜、实事求是地进行规划方案调整或土地置换。确保把蠡湖综合整治前被不同程度占用、分割、封闭的湖岸线全面贯通，还岸于民、造福于民（图2-32）。

第二章　基础设施建设

蠡湖地区的基础设施建设包括路网建设、水系建设、市政管网建设、照明建设以及体育配套设施建设等。在建设过程中，采取道路与河道、道路与绿化、管网、照明及全民健身体育设施、休闲步道等同步设计、同步实施到位。

图2-32　开发商让出或自建开放岸线，还岸于民

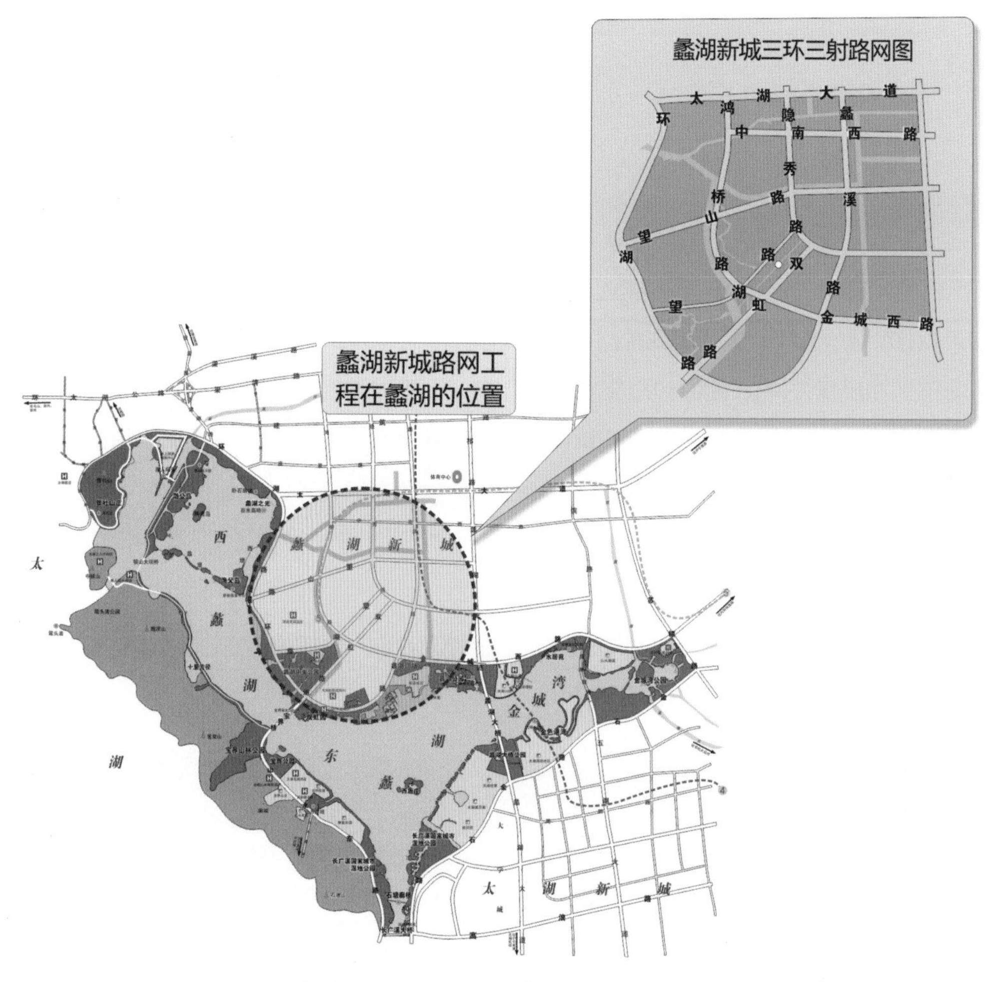

图2-33　蠡湖地区富有交通功能、兼具山水艺术骨架功能的路网

第一节　蠡湖地区路网建设

蠡湖地区原本是蠡园乡、大浮乡、东绛乡等世居农民的聚集地，原路网建设属乡村道路水平。按照山水城、湖滨城、生态城的规划理念，蠡湖新城道路既是交通骨架和基础设施走廊，同时也是蠡湖新城山水景观空间骨架和视线走廊。新城道路以蠡湖及周边自然山体和水面作为借景和对景，构成山水城市特有的景观道路系统，形成蠡湖新城独特的个性特色。建设环湖路、鸿桥路、隐秀路3条环路和望桥路（双虹路）、望湖路、望山路3条放射道路组成的蠡湖新城“三环三射”骨干路网以及金城西路、金石路、山水东路等环蠡湖交通主干道（图2-33）。道路两侧不少于20米宽的绿化带与道路同时建成。道路与两侧绿化带同步建设，在美化了道路环境的同时，还杜绝了沿路破墙开店的无锡传统陋习。

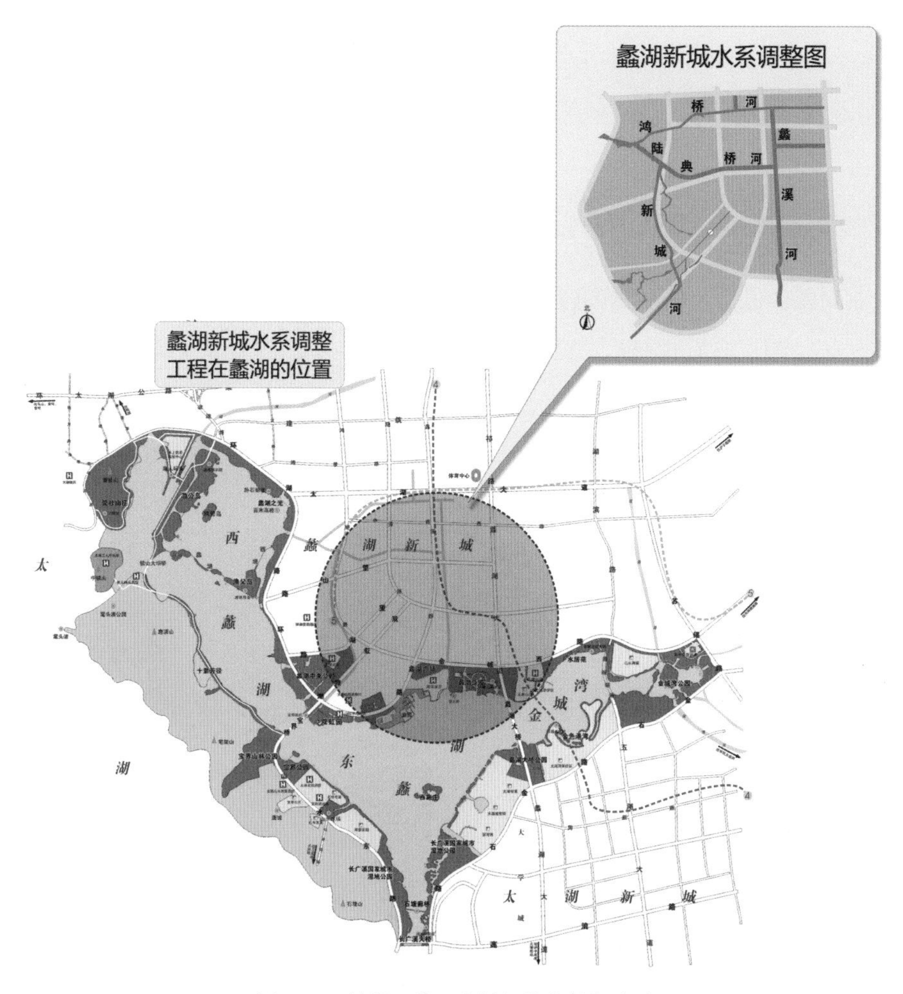

图2-34　城湖一体、水城相依的蠡湖水系

第二节　水系建设

简单展现自然山水，不是现代版的山水城市，山水城市目标的实现，有赖于对自然山水和人工山水的持久性保护与建设并重，而保护建设离不开规划的指导。在反复论证的基础上，蠡湖新城的水系设计，采用引湖入城，彰显“城湖一体、水城相依”的空间设计手法，保留丁昌桥浜、蠡溪河，陆典桥浜顺应望山路走向适当调整线型，新城河调整至鸿桥路西侧，作为蠡湖景观河道，丁昌桥浜因在鸿桥路旁而改名为鸿桥河，陆典桥浜则改名为陆典桥河。改造后的蠡湖地区河道水系形成“两纵两横”，即纵向的蠡溪河、新城河和横向的鸿桥河、陆典桥河（图2-34）。改造疏浚后的河道与新建道路有机衔接，既理顺了线型，完善了雨水排水系统，保持了水系畅通，形成一河一路独特的江南水乡景观，又为日后开展水上活动创造了基

础条件。同时河道建设又为新城路网建设就近提供了大量土方，节约了建设投资。

第三节 管网建设

蠡湖地区的给水、排水、雨水、污水、供电、供气、电信等地下管线随路同步设计、同步埋设，一次到位。在建设过程中，所有污水接入就近的主、次干道污水管后分别接入太湖大道和金城路、高浪路污水总管，彻底解决了污水截流的问题；为美化沿湖空间，拆除了宝界桥两侧的110千伏高压架空线及高压铁塔和管社山顶的高压架空线及高压铁塔，高压线入地敷设；拆除原中桥水厂在金城湾和石塘大桥旁的两根直径达2米的跨湖输水管道及跨湖管架桥，输水管道入湖敷设（图2-35、图2-36）。

图2-35 拆除前的石塘桥北侧跨湖输水管架桥

图2-36 拆除前的金城湾跨湖输水管架桥

第四节 照明建设

蠡湖地区照明设施的建设突出功能照明与亮化艺术的完美结合，并通过照明升华蠡湖特有的山水文化意境。规划本着“高起点、重全局；高科技、重人文”的原则，设计中采用高科技手段，使用多种照明元素，营造出山水城市特有的光环境。在实施中，突出各个区域的重点，如西蠡湖的重点是“一山、二桥、一节点”，即鹿顶山，宝界桥、二泉桥和蠡湖之光及百米高喷。东蠡湖的重点是“一岛、一轮、一台、二桥”，即西施庄、摩天轮、宝界水上舞台、蠡湖大桥、石塘廊桥。金城湾的重点是“一帆、一楼、一湾”，即水居苑蠡湖梦风帆、高攀龙纪念馆五可楼、金城湾。管社山的重点是“一祠、一码头”，即杨家祠堂、渔人码头。整个新城的照明工程贯穿节能低碳的理念，全面实现生态亮化（图2-37）。

图2-37　西蠡湖夜景

第五节　交通配套设施建设

根据《无锡市“十一五”城乡建设规划纲要》中蠡湖新城的功能定位，相应建设了交通配套设施。2006年10月1日，蠡湖旅游集散中心在蠡湖中央公园正式挂牌成立，蠡湖中央公园公交换乘中心同日交付使用，蠡湖水上游活动也相继开展，西施庄水上游正式运营。2008年，通往蠡湖新城的公交线路达10余条，环蠡湖观光车也正式开通。在沿蠡湖各开放公园入口旁都配置了公共停车场，方便自驾游、团队游游客的车辆停放（图2-38）。

图2-38　长广溪国家城市湿地公园停车场

第六节　体育设施建设

2002年全国政协九届五次会议期间，全国体育界政协委员们提出建议构建“环太湖体育圈”的提案。在蠡湖整治建设中，将体育功能和体育元素融入其中，为承办无锡国际马拉松赛、环太湖自行车比赛、万人健步走及无锡市的迎新春长跑、龙舟赛、皮划艇等水上活动和赛事创造了优质条件（图2-39）。有意识地把环蠡湖体育圈作为“环太湖体育圈”的有机组成部分。为把蠡湖建设成无锡全民健身的重要活动场所，沿湖建设公共步道（绿道）；在渤公岛建设篮球场、羽毛球场各1片，安装体育器材28件；渔父岛建设儿童娱乐设施1套，安装体育器材11件；水居苑安装体育器材10件；蠡湖公园安装体育器材30件；环湖路安装体育器材20件；管社山庄安装体育器材25件；蠡湖大桥公园建设篮球场、排球场、羽毛球场等体育及健身设施；长广溪国家城市湿地公园建设儿童娱乐健身设施1套（表2-1）。

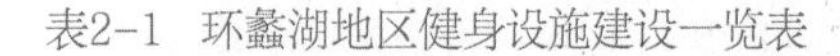
表2-1 环蠡湖地区健身设施建设一览表

已 建	设施规模
渤公岛	篮球场1片、羽毛球场1片、器材28件
渔父岛	儿童娱乐设施1套 器材11件
水居苑	器材10件
蠡湖公园	器材30件
环湖路	器材20件
管社山庄	器材25件
蠡湖大桥公园	9片球场（篮球、排球、羽毛球）健身设施
长广溪国家城市湿地公园	儿童娱乐设施1套

图2-39 环太湖体育圈中的金色港湾水上活动中心

第三章 治水

蠡湖是太湖伸进无锡市区的内湖，也曾是无锡的水源地（中桥水厂原水取水地）。然而，20世纪70年代起，围湖造田、围网养鱼，加上沿岸不当的资源开发，湖边大量未经处理的污水直排入湖，蠡湖遭到了侵占蚕食，水容量减少，自净能力下降，严重地污染导致蠡湖水质下降到劣V类，无锡也被迫将市区的水源地由蠡湖向太湖的梅梁湖、贡湖逐步转移。

2002年起，无锡市委、市政府学习国内外淡水湖泊治理的成功经验，坚持“综合治水、科学治水”的原则，把蠡湖综合整治作为太湖梅梁湖水环境综合整治的一期工程率先实施，按照“清淤、截污、调水、修复生态”的思路，全面实施退渔还湖、生态清淤、动力换水、污水截流、生态修复、湖岸整治和环湖林带建设等六大工程，为太湖综合整治摸索有效方法。

第一节 退渔还湖

1969年4月至1971年底，全国各地掀起“以粮为纲，向水面、山地要产量”的高潮。无锡和其他地方一样，蠡湖开始被围湖造田，使蠡湖水面积从原来的9.5平方千米缩小到6.4平方千米，1/3的水面先后被围湖造田、养鱼、办企业等，其他未围湖的水域也开始发展围网养殖、植簖养殖。随着蠡湖原有的成片水生植物逐渐被大片大片的围网所替代，蠡湖水生植物大规模消失，水质也逐步下降。我们过去常说“人定胜天”，人能够战胜自然，但大自然也给人类诸多报复。围湖造田、围网养殖等造成的环境污染就是一个非常典型的案例。

蠡湖综合整治的首个工程就是退渔（田）还湖，把围湖鱼塘与陆地恢复到湖体的本来面目，也就是恢复到自然生态的本来面目。市政府2002年启动的西蠡湖退渔（田）还湖工程（图2-40），先将沿湖的滨湖养殖场、南通建筑总公司、上海自来水公司疗养院、庆丰度假村、湖光电气塑料厂、五里湖度假村等47家企业和5户住家全部拆除。以后几年，蠡湖办结

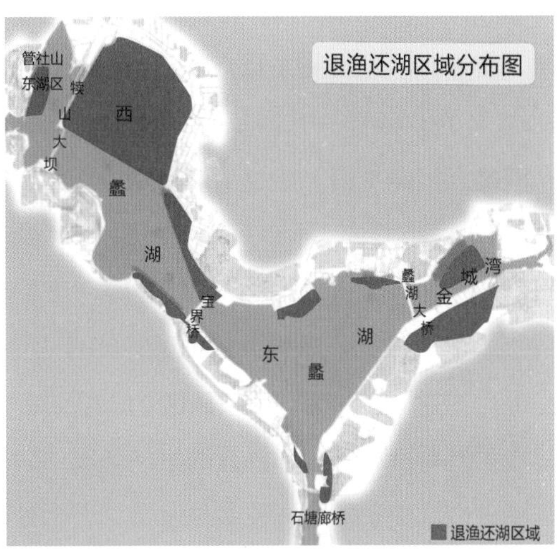

图2-40 退渔还湖工程

图2-41 用西蠡湖原围湖造田所筑外堤拆除的土石方，就地堆筑三个生态小岛，现成为当年围湖造田边界的历史见证

合蠡湖湖岸整治和环湖林带建设，退渔还湖工程同步进行，至2008年11月，蠡湖湖面面积从2002年的6.4平方千米恢复至9.1平方千米。如在西蠡湖退渔（田）还湖工程实施过程中，我们有意识地对原宝界桥至渔父岛之间围湖造田时所筑外堤拆除后的土石方进行“废物利用”，就地堆筑了3个生态小岛，如今这3个小岛，成为了当年围湖造田的历史见证，同时也为鸥鹭栖息提高了良好的生态环境，为西蠡湖湖中增加了一道展现人与自然和谐相处的中景（图2-41）。

第二节 生态清淤

据2002年水质监测资料分析，历年围湖造田和围网养鱼导致的水产养殖污染、农业种植污染、畜禽养殖污染等农业面源污染及生活污水、工业废水等污染，造成蠡湖湖底聚集大量淤泥，淤泥平均抬高湖底0.6～0.8米，大大减少了蠡湖水容量，降低了湖水的自净能力。市政府2002年启动的生态清淤工程首次使用荷兰引进的环保绞吸式挖泥机，采用先进的卫星定位系统、深度电子监视系统、尾水处理监测系统等严格的质量控制系统，对蠡湖进行生态清淤，确保达到环保要求。在长广溪东侧（现江南大学西侧）设置总用地806亩的两个堆淤场，将蠡湖的淤泥吸入输污管后，直接引流至长广溪堆淤场。此次清淤工程平均清淤厚度0.5米，共清除淤泥248万立方米。经过生态清淤，蠡湖水中富营养化指标总磷、总氮含量大大低于清淤前，生态清淤达到了预期的目标。这次生态清淤偿还了过去几十年蠡湖未清淤的历史欠账（图2-42）。

第三节　动力换水

太湖是一个浅水型湖泊，没有天然的清水作为水源补充。梅梁湖位于太湖的北部，是一个袋形水湾，水体流动性差，严重富营养化，常集聚大量的蓝藻。

2004年8月市水利局在渤公岛建成的梅梁湖泵站枢纽工程，是以区域性调水为主的大型综合性水利工程，由一座50立方米/秒泵站、四座16米净宽节制闸及相关配套建筑构成。规划设想是通过梅梁湖泵站调水加快水体交

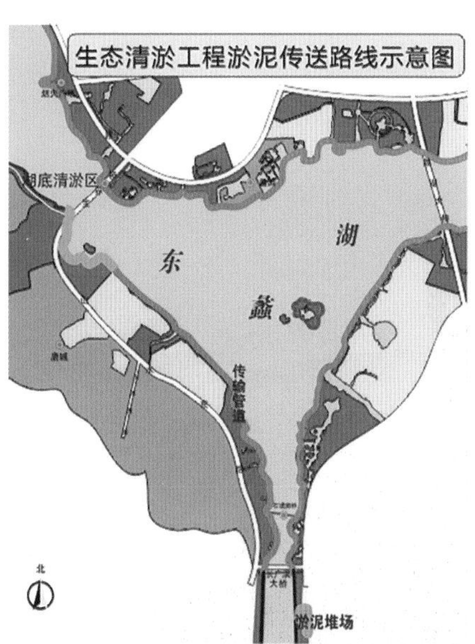

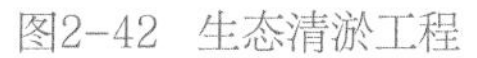
图2-42　生态清淤工程

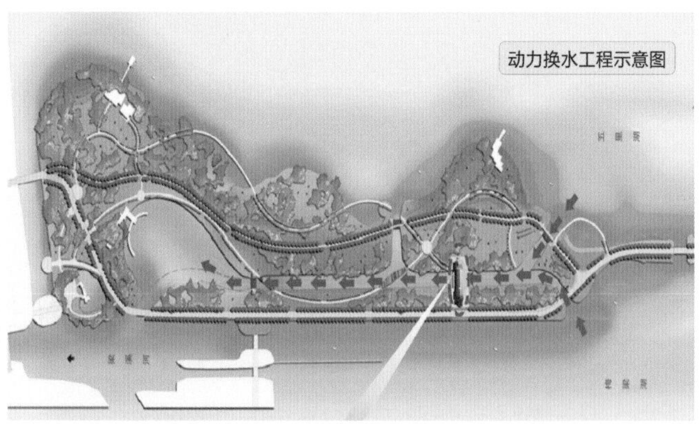

图2-43 动力换水工程

换，使太湖水、蠡湖水、城市内河水有序流动起来，改善水体水质。同时梅梁湖泵站还兼有双向调节水位的功能，是城市重要的防洪工程之一（图2-43）。

第四节 污水截流

污水截流就是从源头上控制污水流入蠡湖。在蠡湖新城及沿湖道路建设时，同步铺设截污干管75千米，支管67千米，把城乡生活污水全部接入污水管后，直接进入城市污水处理厂；在污水尚未截流的板桥港、曹王泾、张湾里河、骂蠡港、东新浜、苗东浜、线泾浜、斜泾浜、小渲浜、环湖河等多条入湖河道，全部先建闸挡污，掐断"输污源"，并要求当地政府对每条入湖河道进行综合整治、生态修复，河水水质达标后才能和蠡湖连通，确保蠡湖水不受外源再次污染（图2-44）。

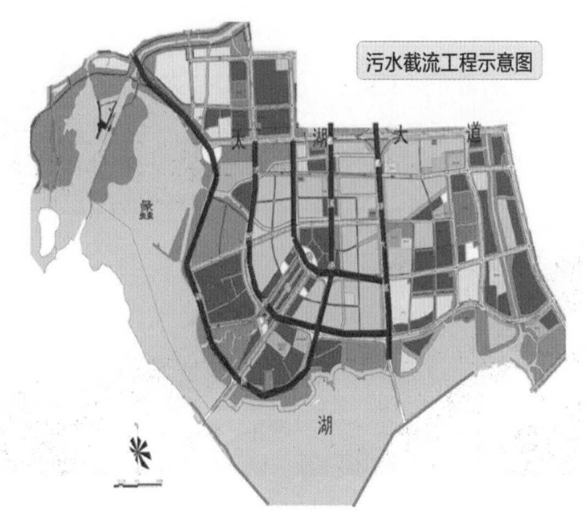

图2-44 污水截流工程

第五节　生态修复

针对蠡湖水质恶化及生态严重退化的问题，以国家“863”太湖水污染控制与水体修复技术及工程示范项目为载体，利用适合蠡湖污染底泥疏浚与生态重建的成套技术，重建植物链、生物链，恢复生态系统，改善蠡湖水质。整个工程包括：

一是采用先种植挺水植物和浮叶植物来吸收湖中的磷、氮，提高水的清晰度、透明度。再种沉水植物过滤，改善水质。同时放养鱼、螺、蚬等生物对水进行生物净化。2003年以来，在西蠡湖种植各种挺水、浮水植物500多万株，沉水植物种子138公斤，投放鱼、螺、蚬等50多吨，鲢、鳙鱼苗16万尾。通过重建植物链、生物链，恢复水生态系统，改善蠡湖水质（图2-45）。

二是在蠡湖内、外大量种植水生植物。无锡地区夏季东南风居多，位于太湖北面、形似簸箕的梅梁湖是蓝藻聚集的地方。梅梁湖东北角的华东疗养院和锦园宾馆之间的湖湾更是蓝藻聚集的死角，在生态修复的过程中，我们在华东疗养院和锦园宾馆之间建一条长800米、宽20～40米的围堰式生态廊道，阻拦蓝藻的侵入，并对廊道内15公顷水体通过截污、清淤、

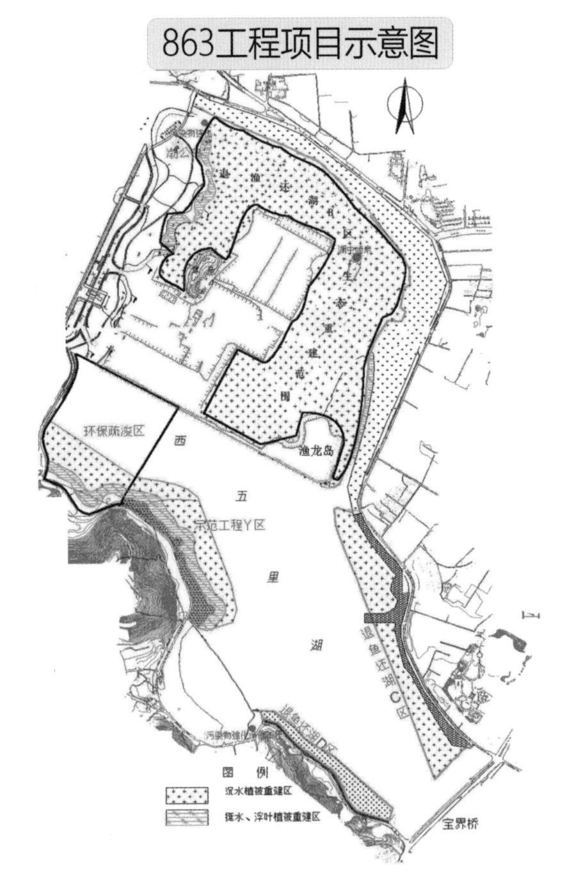

图2-45　生态修复工程

大量种植水生植物，进行生态修复，扩大水容量，改善水质。

三是建设长广溪国家城市湿地公园300米试验段水生态净化过滤系统，通过对地面水净化处理，改善进入蠡湖水体的水质。长广溪是环太湖典型的天然湿地，随着城市化进程的加速，长广溪污染负荷增加，生态功能降低。在蠡湖整治工程中，引进了加拿大FK设计集团，建设了长广溪国家城市湿地公园300米试验段，共设置了沉淀过滤（通过湿地自然溢流进行净化的生态过滤系统，经过雨水汇集池及多个湿地沉淀池，对雨水进行过滤后排放到川河湖泊中）、平行过滤（根据河道自然流向，设置垂直式过滤网进行水流净化的生态过滤系统）、重力过滤（通过水体自然重力效应，经过多重过滤层将污水和雨水逐步净化的过滤排水系统）、生物过滤（通过湿地临水区域设置鱼虾等生物培育基地，对水体进行生物净化的生态过滤系统）四种生态湿地净水过滤系统（图2-46）。用四种不同的过滤手法，从不同的角度，削减了城市降雨径流引起的非点源污染物，达到处理地面水，实现水清岸绿、日常养护管理低成本的目的。这是无锡历史上第一次对地面及路面雨水通过人工湿地进行处理。表面上给人的感觉是一个湿地，实际上是在湿地下面建有一个科学的水过滤系统。试验段的建设，为今后大量的城市非点源性面源污染治理提供了可借鉴的操作方案。

四是以张庄河为示范，对入湖河道进行生态修复，净化入湖河道的水质，并逐步推广到沿湖其他入湖河道。张庄河是长广溪湿地公园淼庄段和威尼斯花园（别墅区）之间的分界河，多年来河道内堆积了大量的建筑、生活垃圾及淤泥，河道内杂草丛生，水质常年处于劣五类，周边居民对治理河道污染要求强烈。经检测，该河河底淤泥呈深黑色胶状体，有机质含量高，不可沉淀，这样的淤泥留下无法利用，挖出又无处堆放，治理难度较大。在经过反复研究和多方试验后，采用了江达公司泥浆泵水力冲挖与CWJZ技术（即在疏浚的底泥内添加JZI和JZO制剂，采用iyong渗透压密法，让底泥脱水干化后，就地放置种植土内作为资源再利用）联合进行生态清淤。CWJZ技术可以使河道淤泥疏浚工程中产生的大量污浊水清纯化，达到国际污水排放标准，干化后的淤泥土可因地制宜种植适生植物。如通过种植除磷和稳定性高的芦苇与水葱，能去除藻毒素的茭白与菖蒲，能吸收水中氮磷物质的灯芯草等，恢复入湖河道原始湿地生态面貌（图2-47）。

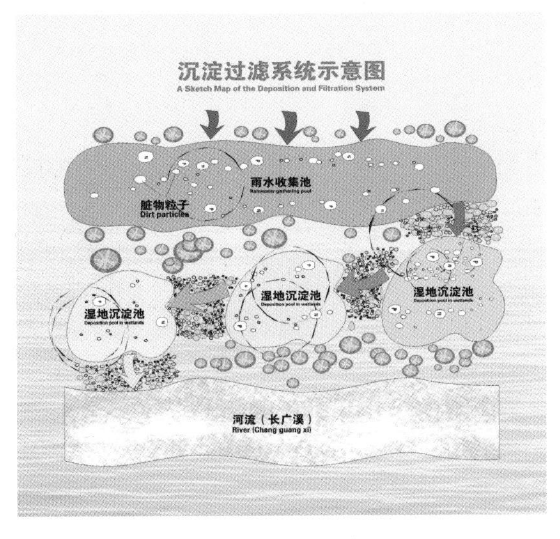

（a）沉淀过滤系统

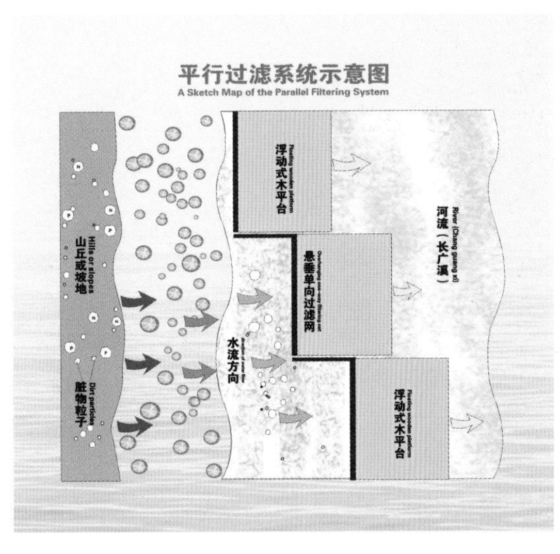

（b）平行过滤系统

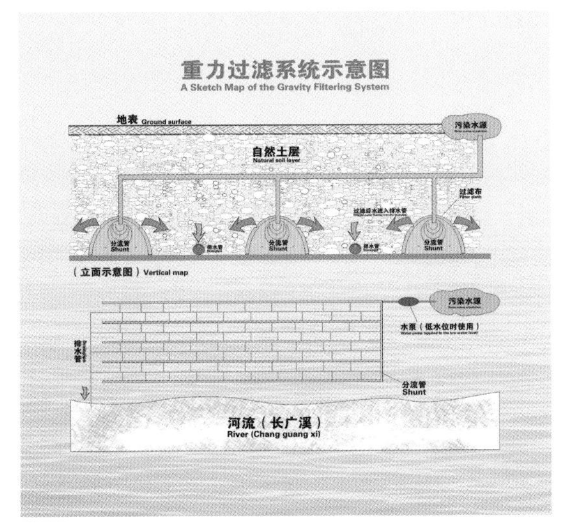

（c）重力过滤系统

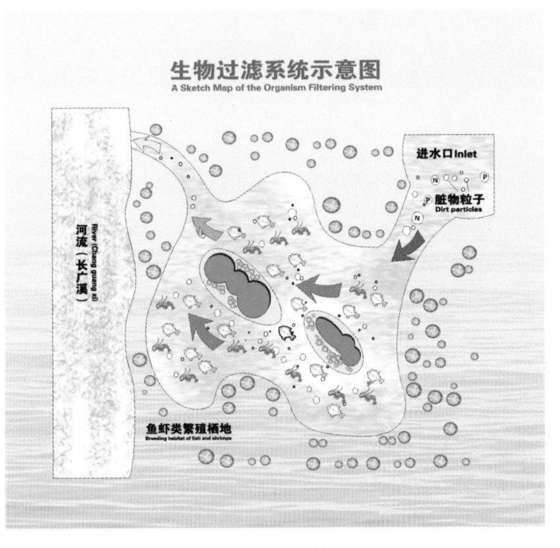

（d）生物过滤系统

图2-46　长广溪国家城市湿地公园试验段四种生态湿地净化过滤系统示意图

（a）张庄河原貌

（b）张庄河新貌

图2-47　入湖河道张庄河河道生态修复前后对比

第四章　湖岸整治和环湖林带建设

水环境的治理，不仅要提高水自身的质与量，还要维护区域内山、林、田等自然生态系统，涵养水源，保护生态环境。我们搬迁了蠡湖沿湖50～250米范围内的零星农村居民点和各类工商企业，调整农业种植结构，结合湖岸整治，建设环湖生态林带，作为蠡湖的生态涵养林，有效控制农业面源污染、生活污水和工业废水对蠡湖的污染。坚持人与自然人文和谐共生，在蠡湖38千米湖岸线，建设既是生态林带，同时又是免费开放公园的面积达305.5公顷的生态涵养林，相当于37个原蠡园的面积。湖岸整治和环湖林带建设时注重以文化人，牢牢把握蠡湖山水文化的特征。在进行每一项具体工程建设时均以该项目特定的蠡湖文化为背景，文化载体与生态修复及环境建设有机融合，彰显山水城市个性特色（图2-48～图2-51）。

第一节　环湖路及沿湖公共绿地

环湖路及沿湖公共绿地西起渤公岛，环蠡湖向东至蠡湖广场，全长6.5千米。2003年9月初步建成。作为38千米湖岸整治的首段工程，在设计上坚持开敞式理念，实施中涉及环湖路及市政、交通配套设施、绿化、照明等多个工程建设之间的衔接，特别是2003年春夏之交，恰逢“非典”肆虐，外地中标的设计和施工人员进出无锡受到很多限制，不可预见的矛盾和问题随时发生，为保质保量按时完成工程建设任务，克服“非典”带来的不利影响，每个实施环节都经过蠡湖办反复协调、论证。

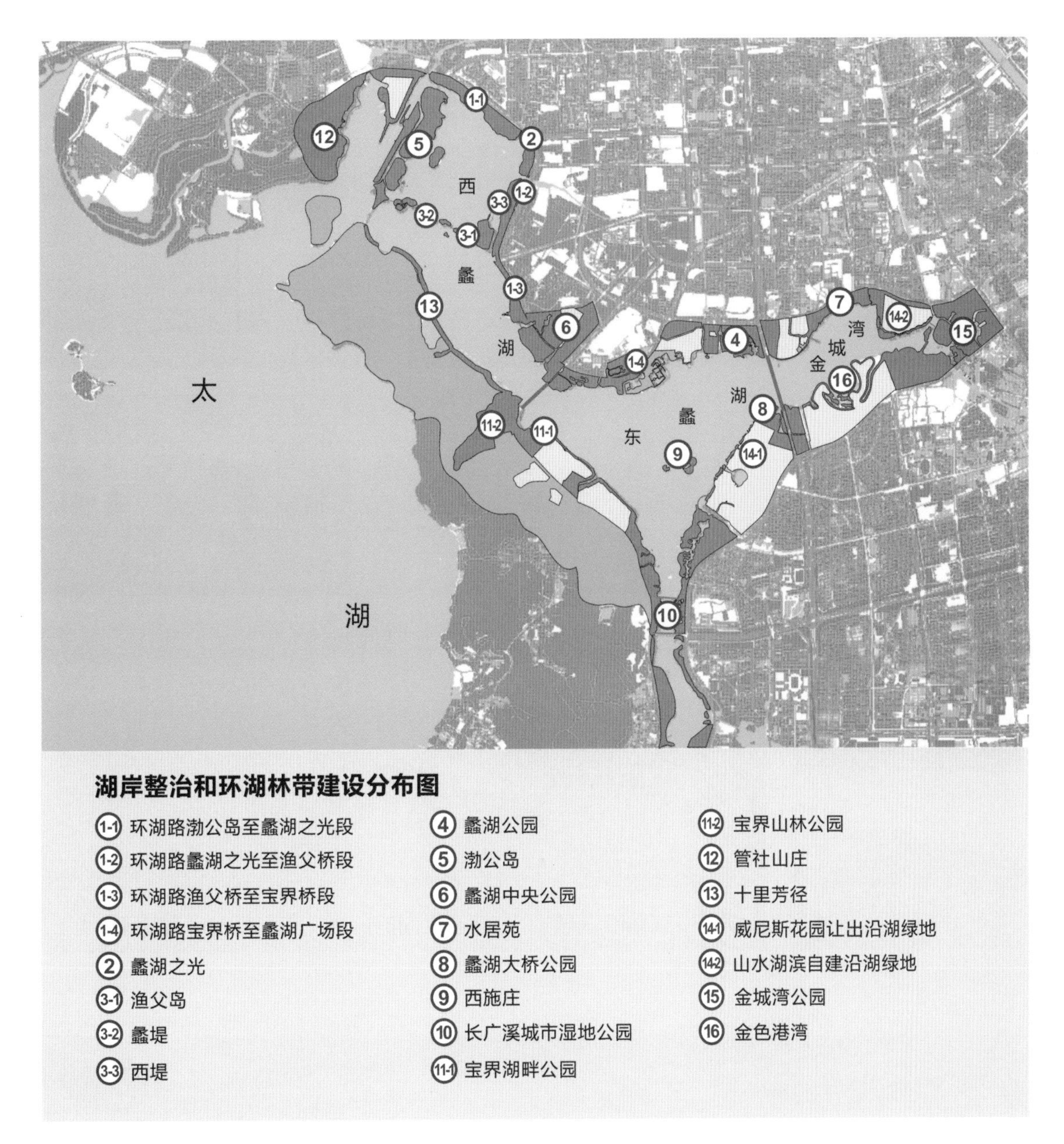

图2-48 湖岸整治和环湖林带建设分布图

2002年前的蠡湖

1-1 环湖路渤公岛—蠡湖之光段外侧围湖养鱼

1-2 蠡湖之光—渔父桥段原貌

1-3 渔父桥—宝界桥段沿湖一侧原貌

1-4 宝界桥至蠡湖广场段改线前原貌

2 蠡湖之光原貌

3 渔父岛原貌

4 蠡湖公园原貌

5 渤公岛原貌

6 蠡湖中央公园原貌

7 水居苑原貌

9 西施庄原貌

8 蠡湖大桥公园原貌

10 [illegible]原貌

图2-49 2002年前的蠡湖

2002年前的蠡湖

11-1 宝界湖畔公园原貌

11-2 宝界山林公园原貌

12 管社山庄原貌

13 十里芳径原貌

14-1 威尼斯花园湖岸原貌

15 金城湾公园旧貌

14-2 山水湖滨湖岸原貌

16-1 金色港湾原貌

16-2 民房原貌

16-3 宝界桥洞乱搭建

16-4 蠡湖围网养殖、渔屋原貌

16-5 犊山大坝两侧蓝藻爆发

16-6 入湖河道原貌

今日蠡湖

1-1 渤公岛—蠡湖之光段

1-2 蠡湖之光—渔父桥段

1-3 渔父桥—宝界桥段

1-4 宝界桥—蠡湖广场段

2 蠡湖之光

3-1 渔父岛及西堤、蠡堤

3-2 蠡堤

3-3 西堤

4 蠡湖公园

5 渤公岛

6 蠡湖中央公园

7 水居苑

图2-50 今日蠡湖

今日蠡湖

8 蠡湖大桥公园

9 西施庄

10 长广溪湿地公园

11-1 宝界湖畔公园

11-2 宝界山林公园

12 管社山庄

13 十里芳径

14-1 威尼斯花园湖岸新貌

14-2 山水湖滨湖岸新貌

15 金城湾公园

16 金色港湾

图2-51 蠡湖湖岸整治和环湖林带建设

渤公岛至蠡湖之光段长1.2千米。道路建设重点是建设梁湖路（太湖大道至渤公岛段）。该路段沿湖外侧是中科院863生态修复工程的主要试验段。沿湖实施中通过对现状地形采取适当起伏的微地形处理，形成多层次变化的空间，丰富空间景观效果。为加强生态自然和亲水的效果，尽量减少人工干预的痕迹，同时节约建设投资，沿湖不做人工的硬质驳岸，而是选择本地耐踏又有质感的草种，采用喷播法做亲水的绿色自然护坡（图2-52）。邻近蠡湖之光处用上千块大小不一的太湖石构建“卧石醉波”景点。石群千姿百态，相映成趣，与生态蠡湖浑然一体。

蠡湖之光至渔父桥段长约1千米。为建设具有山水城市特色的湖滨道路，环湖路建设突破了传统道路规划建设的模式。为保护原环湖路两侧大香樟树和道路中分带中的水杉林，沿湖一侧双车道车行道有设计规范的7.5米改为维

（a）渤公岛至蠡湖之光段外侧围湖养鱼原貌

（b）渤公岛至蠡湖之光段新貌

图2-52　渤公岛至蠡湖之光段生态治理前后对比

持现状仅6米左右，道路中分带宽度由原来的全线统一改为8～20米不等；为保持良好的空间视觉效果，东侧靠蠡湖新城地块的车行道和西侧靠蠡湖的车行道双向道路不强调在同一标高上；道路横断面中绿化面积超过道路面积的50%，新拓建东侧靠地块一侧道路行道树为特意种植的无患子（落叶树），沿湖一侧道路行道树为保留的香樟树（常绿树），环湖路在此段形成一来一往、一东一西独具特色的金色通道和绿色通道。水系建设重点是沟通蠡湖与新城之间的水系。在留秀桥西侧陆典桥河入湖河口专门建设了无锡市区第一座也是唯一一座开闭桥，桥闭时桥上供游人和轻便车通行，桥开时供蠡湖新城内河船只方便进入蠡湖。此路段主要景点是建在伸入湖面景观平台上的群蝶亮翅，因造型别致的圆弧形透光式胀拉膜形似群蝶相携、展翅欲飞而得名。西堤东侧内湖湖面是蠡湖主要的水上游乐场所之一（图2-53）。

渔父桥至宝界桥段长约1.8千米。此路段因临近新城中心区，在设计上采用城市公园的设计手法，设置较多的公共户外活动场地。在实施中，为保护此路段现状的大香樟树和水杉树，避开已成林的树木，同时增加沿湖开放绿地进深，适当改道环湖路线型，占用废弃的原无锡太湖影视基地欧洲城部分用地。为使沿湖景观更加开敞悦目，宝界桥西北堍高压铁塔也因有碍观瞻而拆除。此段有渔父梦廊、波浪花园、叠波花园、湖门溢彩（焰火广场）以及公

（a）蠡湖之光－渔父桥段原蠡园镇长丰木材厂

（b）蠡湖之光－渔父桥段新貌

图2-53 蠡湖之光至渔父桥段生态治理前后对比

（a）渔父桥－宝界桥段沿湖一侧原貌

（b）渔父桥－宝界桥段新貌

图2-54 渔父桥至宝界桥段生态治理前后对比

共餐饮配套设施和大型游船码头。为见证当年围湖造田的历史，利用退渔还湖时边埂的土石方就地堆砌三个湖中小岛（鸟岛），增添西蠡湖湖中中景（图2-54）。

宝界桥至蠡湖广场段长约2.5千米。建设重点是充分利用并改造废弃的无锡太湖影视基地亚洲城存量建设用地、改道建设环湖路和两侧绿带、改善蠡园入口面貌，增设停车场、拆迁湖滨饭店北侧环湖路与金城路交叉口的村庄和单位，新建蠡湖广场并设置蠡湖新城城标。将原亚洲城内苏州街烂尾楼工程改造成由樵楼、更楼、井亭、茶楼、戏楼等建筑组成的具有江

（a）宝界桥至蠡湖广场段原水上大世界

（b）宝界桥至蠡湖广场段原亚洲城苏州街烂尾楼

（c）宝界桥至蠡湖广场段新貌

图2-55 宝界桥至蠡湖广场段生态治理前后对比

南古典风韵的古越群坊，并兼有沿湖休闲旅游公共配套设施功能（图2-55）。1.6万平方米的蠡湖广场位于环湖路、鸿桥路、蠡溪路、金城西路交汇处的东南隅，工程把露天舞台、四季花坛、木质廊架以及300米长旱溪与140米长树阵、弧形花带有机组合在一起，烘托出一座由绿叶、湖水、城市元素组成的蠡湖新城城标雕塑。该城标高12.8米，长12.38米，厚1.8米。

第二节 蠡湖之光

蠡湖之光位于无锡市东西向主干道太湖大道的西端，是无锡市区进入蠡湖景区的主要门户之一。2003年9月底建成。蠡湖之光建在当年围湖造田，后又被围湖养鱼，最后成为建材、垃圾堆场的位置上。景区占地面积6.8公顷，由百米高喷、木栈桥、渔船风帆与桅杆等雕塑状构件组合而成（图2-56）。

蠡湖之光百米高喷位于太湖大道西端、距离湖岸400米处，是西蠡湖的标志性景观。百米喷泉使用了目前国际上比较先进的丹麦产SP60-4格兰富潜水泵，并同时配套建设独立变电所。整个喷泉共分三个层次，中央是最高达120米的主喷，中间层是6个喷高40米的可调式水柱辅喷，外围是6组喷高30米的花瓣式裙喷（图2-57）。

（a）蠡湖之光原貌

（b）蠡湖之光新貌

图2-56 蠡湖之光生态治理前后对比

图2-57 蠡湖之光

（a）渔父岛及西堤、蠡堤原貌

（b）渔父岛及西堤、蠡堤新貌

图2-58　渔父岛及西堤、蠡堤生态治理前后对比

蠡湖之光帆形雕塑由帆形钢结构和木栈桥共同组成，帆形雕塑的创意得益于一幅“太湖泛舟”的油画，体现了设计师和甲方蠡湖办对无锡山水文化、渔文化的深刻理解。设计师用现代语言诠释展示了秀丽的太湖山峦、辽阔的蠡湖水面与船帆、百米高喷组成的一副天人合一的山水长卷。山水美景与现代气息相融合，观赏功能与使用功能为一体，巧妙地将游客融入为设计的组成部分，成为无锡城市的新地标。

为坚持“高标准定位，高水平设计，高质量实施”的建设原则，在蠡湖之光的建设中，首次尝试了谁设计、谁监理的方式。工程由泛亚易道设计，就由泛亚易道委派监理来现场监理工程建设，开创了无锡工程建设使用“洋监理”的先例，确保了好的设计意图在施工中得到完整体现，工程质量同时也得到有效保证。

第三节　渔父岛及西堤、蠡堤

渔父岛及西堤于2003年9月建成，蠡堤于2005年底建成。工程建设重点是利用当年建设的原无锡农民疗养院和滨湖区农水局五里湖养殖场等围湖造田用地建设渔父岛，并建设连接渔父岛和“群蝶亮翅”景点的西堤，以及利用原围湖造田留下的边埂规划建设的蠡堤。相传春秋战国时期吴越之战后，范蠡偕西施隐居蠡湖，在此养鱼、耕作、制陶，期间还写成了世界上第一部《养鱼经》，被民间尊称为渔父。渔父岛、渔父桥、西堤、蠡堤因此而得名（图2-58）。

渔父岛生态园紧邻环湖路，是西蠡湖湖中半岛，占地面积7公顷。岛上有渔父桥、百米沙滩、儿童游乐场、水上游乐场及亲水码头等。为留住记忆，牢记围湖造田的历史，珍惜爱护来之不易的蠡湖综合整治后的生态环境，利用原围湖区内的无锡农民疗养院（中国第一所农民疗养院）旧址，先作为蠡湖办临时办公用房，后又改作游客服务中心和蠡湖导览展厅。

渔父桥是在原有环湖路连接围湖造田区域

的老桥的基础上改造而成的景观桥。渔父桥设计独特，桥头广场上竖有12根景观桅杆，每根桅杆顶部各驻有一个栩栩如生的鱼鹰，鱼鹰形态各异，勾勒出当年渔父范蠡用鱼鹰捕鱼的生动情景。

百米沙滩选用优质白沙铺设而成，是一个老少皆宜的活动场所。年轻情侣可在此婚纱摄影；成功人士可在此面朝湖面，释放压力；少年儿童可在此戏水、玩耍；老年游客可在此晨练，享受慢生活。

西堤南接渔父岛，北接“群蝶亮翅”景点，呈半弧形，全长300米，宽11米。利用原围湖造田留下的田埂堤岸改建而成。建成后的西堤两侧堤岸柳丝拂面，碧桃吐艳，既是西蠡湖的一道风景，又是眺望蠡湖的绝佳境地——站在西堤眺望鸥鹭岛、渤公岛、蠡堤、蠡湖之光和周边山林，犹如一幅天然的山水画。西堤的命名、寓意及设计意图是为体现西施轻移莲步，往返于西蠡湖的意境。西堤东侧至环湖路之间的湖面是水上游乐场。

蠡堤位于西蠡湖，原是横亘在西蠡湖中间围湖造田时留下的边埂堤岸，东接渔父岛，西连渤公岛，全长1200米。它既是西蠡湖的中景，又是蠡湖中一条景观和观景步道。为兼顾西蠡湖整体景观视觉效果，在设计和建设中调整了原来直堤的线型，把握“低、通、细、轻、弯”的设计理念和原则，建成后的蠡堤亲水、轻巧、通透，为游客观赏蠡湖及城市风光增添空间景观层次感。堤上建有范蠡写《养鱼经》的坐姿雕像，立有《养鱼经》石碑，并有卓仁桥、恋鱼桥、乐陶桥、善贾桥、将军廊桥、治生亭、归舟亭、丽冶轩、野望轩、幽居等以范蠡、西施人文典故命名的亭台楼阁（图2-59）。

图2-59 蠡堤范蠡雕像和《养鱼经》石碑

第四节　渤公岛和鸥鹭岛

渤公岛位于环湖路大渲桥南侧与鼋头渚公园接壤处，南北长约1700米，占地面积约37公顷。建成于2005年4月。渤公岛是结合蠡湖退渔还湖工程在原犊山大坝东侧建设集水利工程、历史人文等于一体的生态园。传说东汉末年，治水先贤张渤带领邑人开凿中犊山两侧的浦岭门、犊山门，使太湖和蠡湖两湖相连，从此蠡湖成为排灌两宜、调节自如的蓄水湖，蠡湖地区也成了风调雨顺的富庶地区。故渤公岛以治水先贤张渤名字命名。渤公岛内有梅梁湖泵站、蠡湖展示馆、渤公遗廊等（图2-60）。

渤公岛以植物造景为主，园内种植上百种林木花草。引种了200多种宿根花卉，与其他植物进行配置种植，组成花镜。花镜的种植形式在无锡市区公共开放绿化中属首次运用，取得了较好的自然生态景观效果。园中亭、台、楼、堂、轩、榭等取名，均取材于张渤治水的民间传说，其中“望天亭”“观水亭”“流云亭”等生动演绎当年张渤观天象、察水情的治水情景。以张渤女儿取名的“晓风楼”“泥雨楼”“润雪楼”，与承露台上张渤化身猪婆龙雕塑像（图2-61）、景墙等一起，共同凸现以张渤治水为主题的历史场景。结合国家科技部863“太湖水污染控制与水体修复技术”项目，对沿岛岸线进行生态修复，种植各种沉水、挺水、浮水植物，投放螺、蚌、蚬和鲢、鳙鱼苗，并建设了香菱湾、荷花港、芦苇荡、三友小筑和芙蓉亭、荷花塘、青莲桥、掬月榭等自然生态景点，市民和游客可以直接走到湖边，亲近蠡湖。

（a）渤公岛原貌

（b）渤公岛新貌

图2-60　渤公岛生态治理前后对比

图2-61　猪婆龙雕塑

图2-62　梅梁湖泵站

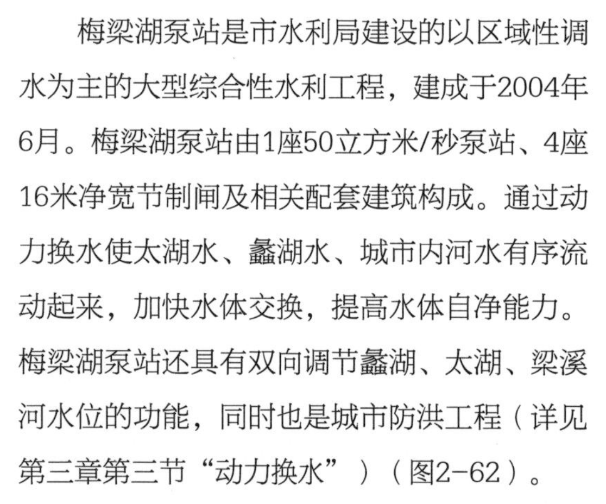

梅梁湖泵站是市水利局建设的以区域性调水为主的大型综合性水利工程，建成于2004年6月。梅梁湖泵站由1座50立方米/秒泵站、4座16米净宽节制闸及相关配套建筑构成。通过动力换水使太湖水、蠡湖水、城市内河水有序流动起来，加快水体交换，提高水体自净能力。梅梁湖泵站还具有双向调节蠡湖、太湖、梁溪河水位的功能，同时也是城市防洪工程（详见第三章第三节“动力换水”）（图2-62）。

蠡湖展示馆位于渤公岛的北入口处，总建筑面积3400平方米，展厅分上下两层。2006年1月建成开放。蠡湖展示馆以水为主线，充分展示“一方水土养育一方人”的主题。分为山水篇、人水篇、理水篇、亲水篇、未来篇五个部分，通过图文资料、实物模型、多媒体影像等，充分展示蠡湖地区的人文资源、生态资源特色和蠡湖“综合治水、科学治水”的方法及建设成果。10个显示屏滚动播放，再现蠡湖水环境整治中退渔还湖、生态清淤、挡污截流、生态修复和动力换水五大工程的建设过程。蠡湖展示馆门厅东侧的历史文化实物展示区，展有散落在民间的明代建文帝（朱允炆）下江南时走过的龙溪桥、明代嘉靖年间“无锡县里社”（当年的村规民约）青石碑、苏轼后裔迁移无锡后建的苏氏宗祠内的水井井圈及族睦伦敦匾额，主入口大门两侧镌刻了范蠡、西施大型汉白玉浮雕。蠡湖展示馆是无锡市水环境保护科普馆和青少年教育基地（图2-63）。

蠡湖的综合整治得到联合国环境规划署的关注，由联合国环境规划署、同济大学环境与可持续发展学院联合举办，无锡市人民政府协办的第三届“亚太地区环境与可持续发展未来

图2-63 蠡湖展示馆

领导人研修班”在蠡湖展示馆举行。蠡湖展示馆入口两侧悬挂了联合国及21个国家的国旗。研修班课程，2006年9月18日至20日在上海进行，21日至23日在无锡进行，把无锡蠡湖作为此次研修班的实习基地。来自21个国家、44位学员参加了此次研修班。联合国环境署亚太地区办公室主任Surendra Shrestha（史仁达）先生及亚太办其他三名官员全程参加在无锡期间的学习、考察活动。学员实地考察了蠡湖的生态建设现场，听取了有关专家教授专题讲座。在无锡市人民政府召开的研修班新闻发布会上，史仁达先生被聘为无锡市第一位外籍环境顾问。史仁达先生对中国无锡蠡湖生态保护建设作出高度评价：“蠡湖新城的规划和设计充分体现了人与自然的和谐。毫无疑问，蠡湖新城的成功案例可以作为发展中国家学习的典范”（图2-64）。2007年5月29日无锡“水危机”后，国务院领导来无锡实地考察并参观了蠡湖展示馆，充分肯定蠡湖“科学治水、综合治水”的做法，并提出推广“蠡湖经验”，作为综合整治全国“三河三湖”的有效方法。

图2-64 2006年9月第三届亚太地区环境与可持续发展未来领导人研修班在蠡湖展示馆举行结业典礼

渤公遗廊位于渤公岛主园路上，全长1250米，宽3.5米，建成于2006年。廊名以治水先贤张渤命名。根据各种攀爬植物的生长习性和花期、花型等因素，对常绿藤本与落叶藤本间隔种植，合理分布。廊内共种植紫藤、油麻藤、凌霄、金银花、丛生紫藤、鸡血藤、西番莲、南蛇藤、杠柳、梅叶猕猴桃、京红九金银花、美国凌霄等1202株攀爬类植物。渤公遗廊成为无锡市内最长的攀爬植物长廊及攀爬植物科普园（图2-65）。

鸥鹭岛位于渤公岛以东西蠡湖湖中，与渤公岛隔湖相望，面积近2公顷，2003年10月建成。鸥鹭岛是利用西蠡湖退渔还湖时湖底土方堆砌而成，岛上种有大量鸥鹭鸟类喜食的女贞子等干果植物，以及石榴、枇杷、橘子等果树。岛旁辟浅水湾，利于芦苇、水草、螺蛳、鱼虾等生长繁殖，为鸥鸟觅食、栖身、繁衍营造良好的栖息环境（图2-66）。

图2-65 渤公遗廊

图2-66 鸥鹭岛

第五节 蠡湖中央公园

蠡湖中央公园位于宝界桥北堍，占地约25公顷。2005年9月29日建成并开放。蠡湖中央公园建设是结合望桥路、望湖路建设，拆除沿线单位和长桥村住宅后，对已废弃多年、建造于20世纪80年代的中央电视台无锡太湖影视城外景拍摄基地欧洲城、亚洲城的存量用地进行改造利用的。蠡湖中央公园一期改造工程（欧洲城改造部分）是蠡湖新城的“绿楔”，向南对接蠡湖和宝界山，向北和蠡湖新城规划中的鸿桥路中心绿地衔接，作为未来人与自然和谐共生山水城的公共开敞空间（图2-67）。

（a）蠡湖中央公园原貌

（b）蠡湖中央公园新景

图2-67 蠡湖中央公园生态治理前后对比

蠡湖中央公园一期工程（欧洲城改造利用）贯彻返修出新、功能利用的原则，保留原欧洲城主要景点古希腊“宙斯神坛”、法国“凯旋门”、英国“史前石阵”、葡萄牙“贝伦塔”、挪威的“乡村教堂”、德国城堡、俄国庄园、意大利的“水庭院”和具有法兰西、德意志、英格兰及俄罗斯建筑风格的“欧洲一条街”。

蠡湖中央公园（欧洲城改造利用）以水景和夜景照明为重点，充分利用原有建筑和水面，对水的灵性和照明元素赋予了新的内涵。晚间的水幕电影及音乐喷泉，与建筑照明、道路照明等共同组成一个动静结合的有机整体。

改造后的蠡湖中央公园（欧洲城改造部分）既有效利用了存量资产，又展示了欧洲异国情调，为日后蠡湖新城建设首先打入了一个“绿楔”，同时又为市民游客增加了一个夜公园。

蠡湖中央公园（亚洲城改造部分）有景点大教堂、古越群坊等（详见第四章第一节）。

第六节　蠡湖公园

蠡湖公园位于蠡湖大桥西北堍，北依金城西路，占地20余公顷，2004年9月建成。蠡湖公园是在搬迁原蠡园镇蠡园村村委会、登峰水产良种场、青松宾馆、蠡园第四机床厂、灯具厂等8个单位后建设的。蠡湖公园建设坚持以水为魂、以植物造景为主，造园艺术中西合璧（图2-68）。

蠡湖公园园内建有施苑（园中园）、水镜

（a）蠡湖公园原貌

（b）蠡湖公园新貌

图2-68　蠡湖公园生态治理前后对比

廊、程及美术馆、摩天轮水上游乐场等。蠡湖公园内的主轴线把蠡湖大桥作为对景，使蠡湖公园成为观赏蠡湖大桥的最佳位置，园中园施苑及水镜廊和主轴线巧妙组合，因地制宜把公园自然分成春、夏、秋、冬4个园，分别以“春之媚”“夏之秀”“秋之韵”“冬之凝”命名。“春之媚”区域，通过种植春季开花的乔木及充满阳光的大型休闲草坪来体现春的主题；“夏之秀”区域，通过亲水眺望平台、湖边宽大可坐式步级，开放式草坪、遮阳树木的种植以及野餐设施、游船码头等体现夏的主题；“秋之韵”区域，通过强调轴线的秋叶树阵种植，配以传统水岸来体现主题，形成与其他三个主题区域在形式上有明显对比；“冬之凝”区域，选择冬季观赏性最强的梅花树种，在林间配以特色小品和亲水景渠来体现冬的主题。

施苑是蠡湖公园的园中园。通过现代设计手法诠释了中国传统园林特色，如中国传统特色的柱廊、景观墙、铺地及自然生态的岸线。施苑内筑有“流韵”“天远”“悦红”“清辉”4个观景亭及西施主题雕塑。

水镜廊位于蠡湖公园中央，环施苑而筑，全场286米。建成于2005年10月。水镜廊的造型中西合璧，取名水镜廊，寓意太湖一方好水孕育无锡一方人文；以水为镜，映照千年吴地书画艺术之瑰宝。水镜廊以主题浮雕“生命之源”开篇，传达了“水，孕育了我们生命的缘起，给我们带来经济繁荣和民众富庶，我们必须呵护生态环境，珍惜赖以生存的环境资源”之价值理念；以主题浮雕“上善若水”为结尾，诠释“水，能适应各种形状的容器，启迪我们要适应环境变化，顺应发展，直面快速嬗变的未来”之时代精神。廊内50余幅作品，均为中国历代书画名家咏唱太湖、蠡湖的诗词文赋，年代跨度从东晋、唐、宋、元、明、清直至现代，由当代的书画家创作并利用现代的石刻手法表现出来（图2-69）。

程及美术馆位于蠡湖公园内，面积2150平方米，以享誉国际画坛的水彩画大师、美籍华人程及先生名字命名，建成于2008年5月。程及先生出生于无锡，家乡的太湖水哺育他成长。在国外多年，以海外游子的赤诚之心、中西合璧的画风，创作了许多传世之作。程及先生生前曾向家乡捐赠精品画作84幅。按照作者意愿，无锡市政府择址在蠡湖公园由蠡湖办负责建造程及美术馆，表达画家受太湖山水熏陶而成名、最终回归太湖母亲怀抱的情怀，旁证“一方水土养育一方人”的真谛。程及美术馆建筑的设计特聘请了曾设计过邓小平纪念馆、上海交通大学程及美术馆的设计者、著名设计大师邢同和先生操刀，以程及先生“天人合一、叶落归根”的思想为设计理念，整个展馆造型新颖、与蠡湖公园生态环境和谐协调。内部功能设施完备，馆内分为美术馆大厅、程及作品主展厅、临展厅、综合展厅、库房、创作办公区、观众休息区、平台眺湖区等（图2-70）。

摩天轮水上游乐场位于金城西路南侧蠡湖北岸，蠡湖公园与湖滨饭店之间，建成于2008年9月。摩天轮项目是无锡市政府“打造山水名城，共建美好家园”新一轮城市建设行动纲领中确定的旅游重大项目。摩天轮净高115米，直径107米，共64台吊舱，每舱6个座位，满载时可同时容纳384人，一次循环运转约20分钟。水上游乐场除了水上摩天轮外，还包括

图2-69　水镜廊

图2-70　程及美术馆

海盗船、旋转木马、激光体验馆等少儿游乐项目，由日本泉阳株式会社独资建设。周边停车场和商业配套、入湖河道整治以及周边道路、管线、室外停车场、绿化等由蠡湖街道办事处、君来集团和蠡湖办分别实施。

第七节 水居苑

水居苑位于金城湾北岸，东联山水湖滨居住区，西与蠡湖公园相连，占地面积17.93万平方米。建成于2006年4月。明代万历年间进士高攀龙，官至都察院左都御史，是明代著名的思想家、政治家、学者。明万历二十六年（1598年），高攀龙辞官归家后，在蠡湖之畔的鱼池头围筑一条曲堤，在水畔建造一座小楼（自称其为可楼）。高攀龙隐居蠡湖可楼27年之久，期间在东林书院主讲20年。高子水居由于历史原因几经兴废，至20世纪六七十年代湮没。为弘扬历史人文精粹，在金城湾北岸湖岸整治建设中，在高攀龙当年隐居读书处——可楼遗址附近的水岸边、利用废弃的中桥水厂取水口头部，修复建设了高子水居。水居苑也因此而得名（图2-71）。

水居苑内有五可楼、高攀龙石雕像、高子书画碑廊、高子生平文化墙、高子纪念碑、月坡台、景逸轩、云从阁、高风水榭等。高攀龙纪念馆设在五可楼内，馆内展出了高攀龙的诗歌、楹联等作品，完整、系统地展示了高攀龙的一生，尤其是隐居可楼27年倡导“学者以天下为任”、“忧国、亲民、实学”的思想和“学问必须躬行实践方有益”的至高境界。

水居苑打破了纪念馆传统的布展形式，采

（a）水居苑原貌

（b）水居苑新貌

图2-71 水居苑生态治理前后对比

用了室内与室外相结合，把高攀龙的主要思想刻在石碑上（图2-72），布置在公共开放公园休闲步道两侧，让游客可在良好的自然生态环境中慢慢欣赏参观。

水居苑的建成，使蠡湖金城湾北岸全线贯通并开放，打开了太湖山庄、山水湖滨两个别墅区的私有领地（详见本章第十六节），并通过蠡湖大桥桥下栈道与蠡湖公园又连在了一起。

在2006年4月30日水居苑开放仪式上，《无锡蠡湖文化丛书》正式公开发行。

在水居苑金城湾对岸配套建设水上活动中心，为日后蠡湖开展水上活动创造条件。在水上活动中心东南侧离湖岸100米的湖中，建设高33米的蠡湖梦风帆，风帆基座雕塑记述了无锡人建设蠡湖的“古代梦”“近代梦”“现代梦”，展示了无锡当代人正在完成前人未能实现的蠡湖梦（图2-73）。

图2-72 水居苑户外石碑阵列

图2-73 “蠡湖梦”风帆

第八节 蠡湖大桥公园

蠡湖大桥公园位于蠡湖大桥南堍、东蠡湖南岸，东接无锡大剧院，南连长广溪国家城市湿地公园，与临湖而居的太湖世家、威尼斯花园别墅毗邻，占地面积25.5公顷，湖岸线长2.1千米。2007年1月1日建成并向市民开放。

蠡湖大桥公园分为生态公园和湖畔50米宽绿化通廊两部分。生态公园内建有体育健身设施、球类（篮球、羽毛球、网球等）运动场和濒湖亲水平台。由生态公园向西南，为湖畔50米宽生态绿化廊道，绿化廊道与太湖世家、威尼斯花园隔河相望，全长950米。绿廊上设有休息、观景凉亭和观景亲水平台、木栈桥、特色景墙、阳光草坪、水上巴士码头等。绿廊的建设听取了太湖世家、威尼斯花园业主的意见，不机械地在原岸线建设，而是在距原湖岸线10余米的湖中建设50米左右宽公共开放绿带，与原别墅区之间形成一条10米左右宽的“护城河”，绿廊打破了原来围湖造田时形成的东蠡湖东南侧平直单调的硬质驳岸线，使蠡湖东岸成为自然、生态、开放的公共岸线，同时也改善了太湖世家、威尼斯花园的外部环境，并保证了别墅区的私密性和安全性，得到了别墅区居民的理解和支持。

蠡湖大桥公园内花木扶疏，曲径通幽，亲水岸线自然天成，可近距离观赏蠡湖山水（图2-74）。

蠡湖大桥与湖光山色融为一体，兼具景观与交通功能，是蠡湖的一道风景线。蠡湖大桥全长730米，桥面总宽33米，双向6车道，设计时速80千米，两侧分设非机动车道与人行道，主桥净空符合7级航道通航要求。该桥造型新颖别致，全桥形态轻盈飘逸。桥梁主跨恰似一具张开的渔网，寓意无锡这个鱼米之乡，主桥结构为“WX”两个字母，即“无锡”两个汉字汉语拼音及英文的缩写，是无锡从运河时代迈向太湖时代的标志之一。设计师匠心独运，设计方案既具鲜明的时代气息，又体现了结构造型的艺术化。

第九节　西施庄

西施庄位于宝界桥、石塘廊桥、蠡湖大桥所围合的东蠡湖黄金分割点上，是东蠡湖湖中的人工岛屿。西施庄由三个小岛组成，呈腰

（a）蠡湖大桥公园原貌

（b）蠡湖大桥公园新貌

图2-74　蠡湖大桥公园生态治理前后对比

果形，面积3公顷，由36万立方米土方堆砌而成，建成于2006年9月。西施庄的建设是利用退渔（田）还湖的土方堆砌而成，以增加蠡湖中景，进一步丰富东蠡湖山水空间的景观层次，并与西蠡湖的渔父岛相互呼应。西施庄是传说中春秋战国时期越国大夫范蠡助越王勾践打败吴国后，急流勇退，偕西施泛舟、隐居蠡湖的地方（图2-75）。

西施庄的规划建设，围绕范蠡、西施隐居蠡湖后为蠡湖百姓教习歌舞和制陶养鱼、酿酒纺纱等情节，有目的地设计游客能接近和参与的春秋戏台、陶朱公馆、三祖堂议事厅、船舫、绣楼、夷光茶室等近景，并在西施庄主岛旁数十米处建一无人小岛，岛上建有小茅草屋、小码头等，相传是范蠡、西施为避人耳目，白天泛舟蠡湖或在西施庄劳作，晚上躲进小岛藏身，以躲避越王派遣的刺客追杀。游客可在西施庄主岛遥望充满神秘感、可望不可即的小岛，增添旅游情趣。通过近、远、动、静结合的设计手法，重现当年范蠡、西施隐居蠡湖的生活场景，让游客体验范蠡、西施当年泛舟蠡湖的流动意境。

传说古代的秤是范蠡发明的，他是工商鼻祖，是鱼池养鱼第一人、制陶第一人，还是珍珠养殖发明者。岛上建成的陶朱公馆，展陈了范蠡在历史上的重大功绩，通过室内布展展示范蠡向当地农民传授制陶技艺、捕鱼捉虾等场景，还定制了一把巨型算盘，凸显出范蠡“陶祖”“商圣”“渔父”的鲜明形象。

西施庄上的厅、台、楼、舫的题名、匾额、楹联及标识系统，紧扣范蠡、西施隐居蠡湖的文化主题，让游客身临其境。

（a）西施庄原貌

（b）西施庄新貌

图2-75　西施庄生态治理前后对比

第十节　长广溪城市湿地公园

20世纪50年代以前，长广溪基本上是原生态，具有典型的环太湖地区湿地生态系统特征；具有江南水乡中“水乡泽国、水鸟天堂”的湿地自然风貌。相传长广溪原为江南的自然小河，公元245年，孙权派典农校尉陈勋屯兵3万开挖疏浚长广溪，使之成为贯穿大浮、雪浪、东埄、南泉4个乡的河流。长广溪及周边地区有许多古桥、古井、古村落等，更有历代名人为赞颂长广溪留下的大量诗词和民间故事。20世纪70年代初因围湖造田，加上两侧人口增加、工业发展、水面缩小等原因，生态功能降低。为再现长广溪的自然风貌，2002年，市政府将长广溪及其两侧地区划定为生态用地，定性为湿地公园。2005年5月，长广溪湿地公园被国家建设部正式列为首批九个国家城市湿地公园之一。长广溪国家城市湿地公园建设共拆迁滨湖区太湖、雪浪街道、大浮乡161户村民住宅和石塘村、大浮村原村办企业及橡胶二厂、富士服装厂、702所等42家非住宅共计约11.9万平方米建筑，拆除了湖中的围网养殖、植龤养殖设施，工程包括300米试验段、淼庄段、漆塘段三部分（图2-76）。

长广溪国家城市湿地公园300米示范段位于石塘廊桥以南，高浪路长广溪大桥以北，山水东路以东，金石路以西的范围内，占地约5.6公顷。通过建设人工湿地公园，达到治理水污染的目的。园内通过采用雨水净化及洪水防治的示范措施保持地区生态平衡，以达到生态的可持续发展（水生态净化过滤系统详见第三章第五节“生态修复”）。同时通过建设水生动植物生态栖息地示范区、自然教育基地、旅游服务管理中心等为广大市民和游客提供旅游休憩、科普学习的场所（图2-77）。

长广溪湿地科普馆位于无锡长广溪国家湿地公园300米试验段内，是无锡市第一个湿地科普教育基地，展馆建筑面积400平方米。长广溪湿地科普馆内有两个展厅，展板100余幅，模型15件，有非接触式多媒体互动游戏、湿地科普知识竞答、湿地科普知识电视宣传片等，通过湿地知识的展示和寓教于乐的互动，普及湿地知识，提高全社会的生态保护意识。第一展厅主要展示湿地科普常识、湿地动植物标本等。第二展厅主要展示长广溪国家城市湿地公园（300米试验段）规划、建设情况，重点介绍了恢复生态湿地功能四种生态湿地净水过滤系统的原理及模型。过去的雨水是不经处理直接排入就近河道的。随着机动车辆的迅速发展，下雨后雨水就会带着路面机动车的废油等污染物排入河道，对水体的污染非常严重。长广溪300米示范段的建设，为整个长广溪及蠡湖生态环境的综合整治，特别是对通过湿地过滤处理雨水及地表水这一新理念、新做法提供了科学试验依据和工程实践经验。

石塘廊桥位于长广溪300米示范段北侧。原先的石塘桥是沟通长广溪东西的交通要道。在1934年宝界桥建成之前，从东面的雪浪到西面的大浮以及包括现在的鼋头渚风景区在内的大片地区的交通，主要就靠石塘桥。对石塘桥的记载，最早见于元至正年间（1341—1370年）的无锡县志，“石塘桥，跨石塘并属扬名乡”。之后明弘治（1488—1505年）及明万历（1573—1620年）年间、清光绪二十九年（1903年）均有记载，归纳起来大致为：“位于五里湖长广溪之间，今名石塘桥。宋嘉定间僧月堂并建三桥，曰广济、宝庆、惠安。元季莫天祐屯兵毁桥塞口。水时壅漫。明初邑人浦行素开塞补堤，架木梁其上。隆庆中，浦后人倡易石梁，即广济也。然水势湍悍，一桥不足以泄，仍别为二水门，以存三桥遗义。”进入民国后，中国军队为阻日寇追击，将石塘桥拦腰炸断。20世纪70年代重修钢筋混凝土结构的石塘桥。随着高浪路上长广溪大桥的建成，石塘桥已经失去了沟通长广溪东西两岸的机动车通行功能。我们便在原石塘桥桥位上重建了一座人行的石塘廊桥。廊桥集景观、观景、文化为一体，采用江南园林廊桥形式构筑，由亭、堤、廊、桥等构成，廊桥横梁上镌刻有姑苏香山派精细木雕36幅，两侧桥亭各竖石碑1块，记载着蠡湖地区悠久的人文历史和民间传说，同时也展示了传统的无锡民间艺术。石塘廊桥是观赏东蠡湖、长广溪景色的最佳处，同时本身也成为蠡湖、长广溪的特色景观之一（图2-78）。

长广溪国家城市湿地公园漆塘段建设包括古银杏广场、徐偃王庙、湖中小岛、宕口复绿等。

古银杏广场位于山水东路长广溪漆塘段入口处 。在大浮乡漆塘村拆迁过程中，世居大浮的村民反映，村内有棵银杏树已有近百年历史，是村民祈福之树。为保留原漆塘村村庄内的古银杏树，在银杏树旁增设围台，铺设透水砖，为古银杏树的生长构建良好的自然环境，专门把古银杏树作为山水东路上公园西入口的主景，丰富公园西入口广场景观，凸显生态文化底蕴。

（a）长广溪旧貌

（b）长广溪新貌

图2-76 长广溪国家城市湿地公园生态治理前后对比

图2-77 长广溪国家城市湿地公园300米试验段

图2-78 石塘廊桥

徐偃王庙位于古银杏广场南侧。传说中徐偃（奄）王，为古徐国国君。徐偃王是当年徐国最具代表性人物，先秦诸家将其与孔尼、周公、皞陶、禹尧等圣贤并列，但另一方面徐偃王同徐国一样，作为中原正统王朝反叛者、不安分之异类，受到统治阶层的排斥，但徐偃王之仁义修德爱民之举，还是得到秦汉儒家精英们及世人奉扬，尤其在江南更能获得人心而得到百姓认同。因此，当地百姓为其修建了徐偃王庙，每年八月初二在庙前搭台演戏两天，感恩徐偃王的爱民之举。徐偃王庙因年久失修，破旧不堪，在长广溪湿地公园漆塘段建设中，修缮了徐偃王庙，并在徐偃王庙的门前根据徐偃王在无锡放粮的古今美传建设了题为“古长广溪风情图”和“徐偃王放粮”两幅大型壁画浮雕墙。

湖中小岛位于石塘廊桥北侧数十米处。原来小湾里水源厂至中桥水厂有两根直径2米的自来水原水输水总管，架设在横跨东蠡湖水面的管架桥上面，庞大的管架桥破坏了东蠡湖整个湖面的空间景观，按规划要求，将自来水输水总管迁入湖底。蠡湖办组织对原自来水管管架桥进行爆破。对爆破后留下的基座，因地制宜建成鸟类栖息的湖中小岛。

在702所宕口至山水东路之间约4万平方米的山坡，由于多年采集矿石资源，使大浮乡漆塘段山体在整个生态植被上出现严重缺损，自然生态遭到较大破坏且存在严重的地质灾害隐患。为修复山体“伤疤”，恢复自然山体的生态环境，把该段山体作为矿山整治工程的延伸项目进行宕口复绿（图2-79）。

（a）石宕复绿前

（b）石宕复绿后

图2-79　石宕复绿前后对比

图2-80 长广溪国家城市湿地公园犊庄段内湖湿地

长广溪国家城市湿地公园犊庄段通过公园内湖和沿蠡湖分区建设了科普湿地区、森林湿地区、常年湿地区、斑块湿地区以及张庄河入湖河道综合整治示范区等（详见第三章第五节“生态修复”）。市民和游客可以在游园过程中认识湿地、体验湿地、从而善待湿地（图2-80）。

雕塑园位于无锡长广溪国家湿地公园犊庄段的东北方，取名“五里天堂”，寓意人与自然并存共荣。雕塑以中国文化的内涵为魂，融合西方现代雕塑手法，既具有形式空间构成的美感，又有欣赏与互动的功能，彰显人与自然的心灵亲密。“五里天堂”雕塑园中的雕塑作品有大型的鲤鱼钢塑、鱼虾水草砖雕、荷花塑雕、多种动物瓷模、体育竞技雕塑等。

另外，犊庄段还建有生态密林区、天人合一广场、儿童游乐场、怡乐露天舞台、长广溪湿地体验中心等。

无锡长广溪国家湿地公园内共种植288种植物。地带性植被为亚热带常绿、落叶阔叶混交林。湿地植被类型有沼泽和浅水植物两个型组，森林沼泽型、草丛沼泽型、漂浮植物型、浮叶植物型、沉水植物型5个植物类型。2007年，300米试验段获得加拿大景观建筑学会最高荣誉奖——国家奖。

2011年9月由滨湖区政府启动建设无锡长广溪国家湿地公园二期工程。其区域北接长广溪城市湿地公园，南通贡湖。二期工程建成后与太湖新城尚贤湖湿地、环蠡湖湿地以及环太湖生态湿地共同构成太湖新城的生态湿地系统。

第十一节　宝界公园

宝界公园位于东蠡湖南岸、宝界桥畔，总占地面积46.28公顷。宝界公园工程建设是在征用原农业部淡水渔业中心的沿湖鱼塘，拆迁水族馆以及原大浮乡宝界村后，建设的山水相融的生态公园（图2-81）。

山水东路将宝界公园一分为二，靠蠡湖一侧是与长广溪湿地公园漆塘段接壤的宝界湖畔公园，靠山一侧则是宝界山林公园。为了保证宝界公园生态系统的完整性，调整山水东路在宝界公园段的线型和段面，加大道路中分带宽度，在道路中分带内建设成片水杉林，并在山水东路下开设了一条地下通道将湖畔公园和山林公园有机联系起来，又利用山林公园坡地高差及原有的泄洪沟，采用逐段叠水加积水潭的手法，形成曲折有致的水溪，达到溪水长流、缓缓流入蠡湖的效果。地下通道和溪流把湖畔和山林两个公园融为一体。

宝界湖畔公园在总体设计上有鲜明的特点，拆除了原淡水渔业中心5900平方米的水族馆并退渔（田）还湖60亩，扩大蠡湖宝界桥南堍原来蠡湖最狭窄处的湖面，并用生态湿地改变了原来人工化的生硬笔直湖岸线；以山水为

（a）宝界公园原貌

（b）宝界公园新貌

图2-81　宝界公园生态治理前后对比

背景，在湖畔建设一座水上舞台，体现无锡山水城市和湖滨城市的特点。

根据原淡水中心鱼塘的肌理建设映水渔村。即在映水渔村中心建有5个人工池塘，以示“原淡水中心的鱼塘”，池塘周边由四座“渔村”建筑物围合，建筑物的功能作为水上舞台演出使用时的公共配套设施。

恩泽台与映水渔村相邻而建，是宝界湖畔公园的一处重要文化工程，恩泽台内有18米×2.5米的长卷式《新蠡湖风情图》浮雕墙，作品融浅浮雕、深浮雕、线雕手法为一体。有反映蠡湖整治六大工程的装饰性版画浮雕《返璞归真图》；有以浅浮雕为主的《先辈治水图》和以影雕制作的《新蠡湖十景图》。在这组大型浮雕墙中间嵌有一座螺旋式上升状的板体雕塑，犹如一本本叠放的书籍，逐本记述六年蠡湖整治大事记。书籍顶部的不锈钢雕塑是3个儿童托举形似“6”字的巨大“水滴”，形象展示蠡湖综合整治的主题和6年“综合治水、科学治水”的历程。

为记录蠡湖6年综合整治工程中滨湖区及所在地企事业单位及村民的无私奉献和大力支持，在宝界公园入口处特设铭记亭以示感恩和纪念。铭记亭内的石碑上刻有蠡湖综合整治6年回眸，有蠡湖整治前的旧貌，有理解与支持蠡湖新城建设而拆迁的所有企事业单位及村（社居委）的名单、有蠡湖综合整治后的新貌等。铭记亭旁的文化墙上书写着“无锡正在擦亮这颗蠡湖明珠，让世界瞩目她的璀璨”。

位于宝界湖畔公园以北30米湖面上的水上舞台，是无锡市历史上第一个建在湖中的舞台（图2-82），是利用退渔（田）还湖土方堆砌而成。水上舞台面山背水，又背丘临水，呈椭圆形，长轴35米，短轴30米。舞台背景是标高10米、郁郁葱葱的小山丘和形态精巧的白色景观建筑（为演员化妆间、更衣间和机电间），为补给大型演出幕后用地不足，在舞台背后水边建造一码头，以便停泊满足演出需要的船舶。舞台与露天的3000座的观众席之间用30米宽的自然水面分隔，音乐喷泉置于30米水面中间。舞台西面有一长达100米的木栈桥，

图2-82　水上舞台

图2-83　湖山草堂

既是舞台与看台的连接通道，也是湖中一道风景。木栈桥西面至宝界桥水面是一片由300余盏水下灯组成的太阳能灯阵。

宝界山林公园坐落于宝界桥南堍，西接鼋头渚景区。宝界山林公园充分保护利用自然山林及原有泄洪沟渠，建设人工溪涧及临溪景观平台、休闲草坪、竹林茶室等设施。同时，新建长1500米的上山道路（兼防火通道）直通107米标高的宝界山顶观光平台。此平台处于两湖（太湖、蠡湖）夹一山（宝界山）的绝佳位置，与“鹿顶迎晖”形成双峰对峙，是俯瞰太湖、蠡湖和城市山水风貌的最佳处。在沿湖山坡上修复了明代嘉庆年间书画家王问父子在此隐居的“湖山草堂”（图2-83）。路边还建有明代归有光作的《宝界山居记》石碑，宋代无锡人钱绅辞官还乡居宝界山的遂初亭等。

第十二节　十里芳径

十里芳径原为进出鼋头渚的主要道路，位于西蠡湖南岸的鹿顶山下，东起宝界桥南堍，西接渤公岛，蜿蜒曲折数十里，两侧风光秀丽，故名为十里芳径。为了还湖于民，我们要求鼋头渚公园让出沿湖用地，建设一条沿湖风光带，并纳入蠡湖38千米沿湖开放岸线，由原来鼋头渚景区收门票区域变为向市民游客全面开放的免费公园（图2-84）。

十里芳径有宝界双虹、观虹亭、怀影桥、枫林渡、掬兔亭、携影桥等沿湖景点以及著名的朱衣宝界、茹经堂等文化景点。朱衣宝界位于双虹桥的桥头山坡上，是一处早已湮没的古迹，据元王仁辅《无锡县志》载：“前汉虞俊，字仲卿，无锡人也。少以孝友称于乡党，明春秋公羊左氏传，汉哀帝时为御史，稍迁丞相司直。王莽执政，左迁新陂令，寻招为司徒。俊欲遁归，遂见胁迫，仰天叹曰:吾汉人也，愿为汉鬼，不能事两姓。饮酒而卒。光武即位，高其节行，与二龚比为表茔墓”。史载告诉我们，汉代王莽篡位后，身为丞相的无锡人虞俊不肯从逆、被胁迫致死。到汉光武帝时，为褒扬虞俊的忠贞，用朱幡覆盖在虞俊葬于宝界山的茔墓上。故宝界山又称朱山。在蠡湖整治建设中，在朱山（宝界山）之麓的山崖上刻凿“朱衣宝界”4个大字，崖下新建朱衣亭，亭内立碑介绍虞俊的事迹（图2-85）。

坐落于宝界桥南堍十里芳径段的茹经堂，

（a）十里芳径原貌

（b）十里芳径新貌

图2-84　十里芳径生态治理前后对比

图2-85　朱衣宝界

是由交通大学张廷金、胡端行等人发起，为庆祝唐文治老校长70寿辰，于1934年募款建造的纪念性别墅建筑。该建筑以唐文治的号命名为“茹经堂”，1934年3月动工，1935年12月10日建成，由钱仲联教授撰写《茹经堂碑记》。1984年，为纪念唐文治诞辰120周年，无锡市人民政府拨款进行重修，辟“唐文治先生纪念馆”，附设著名社会教育家、唐文治先生长媳“俞庆棠先生纪念室”，1985年12月20日揭幕。时任全国政协副主席陆定一题门头横额“茹经堂”、全国人大常委会副委员长周谷城书纪念馆横匾、全国人大常委会副委员长胡愈之书俞庆棠纪念室横额，全国政协主席邓颖超题词“俞庆棠先生纪念室”。纪念馆和纪念室内分别陈列唐文治、余庆棠两先生的生平、手迹、照片、著作、用品等。另外，还设有“交大专柜”，放置唐文治在交通大学的照片与文献资料。1986年，茹经堂被列为“无锡市文物保护单位”。

第十三节　管社山庄

管社山庄地处梅梁湖、蠡湖、梁溪河交汇处，西起管社山，东靠渤公岛，南到万顷堂，北至环湖路，总用地面积约43.4公顷。相传原为明末清初隐士杨紫渊隐居之地，人文历史十分丰富，是环蠡湖开放公园中现存人文景观最多的一个公园。管社山庄工程建设重点是拆迁滨湖区大箕山村东管社、西管社两个临湖较大的自然村、荣巷街道苗圃、梅园水厂部分建筑共9.3万平方米，整治建设管社山庄和保护修复文化遗址。管社山庄于2008年9月建成。

管社山庄沿湖而建，山水相依，一条主园路贯通全园，连接万顷堂、虞美人崖、驻美亭、万顷古渡、思源亭、梅园水厂工业遗址、杨家祠堂、镇湖庵等。沿蠡湖生态湿地中长达2千米的木栈桥及亲水平台把各类湿地串连成线（图2-86）。在生态湿地东侧建设水上旅游集散中心，游客可在此直接乘船去外太湖游览观光。

万顷堂是无锡历史上太湖湖湾开发的第一

（a）管社山庄原貌

（b）管社山庄新貌

图2-86 管社山庄生态治理前后对比

处景点，从万顷堂下乘船摆渡去鼋头渚也是当年游客的唯一通道。1915年夏，杨翰西等人游管社山，看到面对万顷太湖的古庙殿宇倾圮、神像凋残，慨然认捐重建。于次年3月建成，命名“万顷堂”。万顷堂所处位置正对太湖三山，左望鼋头渚、中犊山，右眺小箕山、大箕山，袁世凯次子袁寒云曾写有一副对联“几席三山万顷波涛疑海上，湖天一阁重阳风雨是江南”，盛赞万顷堂景色。20世纪90年代初，万顷堂等建筑划归无锡园林部门，由鼋头渚风景区管辖。此处观赏太湖，视角似可与鼋头渚相媲美。2008年蠡湖整治建设中对万顷堂进行全面整修，一是将原梅园水厂内已破败不堪的万顷堂旧建筑和部分水厂沿湖用地纳入了公共开放景区中；二是在原地修旧如旧、加固出新了万顷堂旧建筑，并扩大了堂前观景平台，在平台下壁墙上雕凿“碧波万顷”4个汉白玉大字，由上海著名书法家周慧珺题书。并在万顷堂内陈展了太湖风景区保护开发利用的前世今生，供游客了解并欣赏（图2-87）。

位于管社山东麓的杨氏墓园及祠堂，临山

图2-87 万顷堂

面湖，原为明末清初隐士杨紫渊隐居之地。杨维宁（1674—1736年），字紫渊，一生布衣，性爱山水，筑别业于管社山，自号管社山人。民国年间，杨氏后裔在此建祠。祠堂为一组仿清代官式（北式）建筑群，规制高而显敞，共有二进和一座两层小阁，是市级文物保护单位。祠堂后墓园有北洋政府财政部次长、实业家杨味云（1868—1948年）诗冢，上刻章士钊“平生贯华阁，大隐钓璜溪”题辞；杨味云夫妇墓，墓墙上刻刘海粟“云在双松”题辞；杨味云八妹、旅美画家杨令茀墓，墓前有刘海粟题“爱国女俦”刻石；还有杨味云之子杨景熥（通谊）、荣漱仁夫妇墓、女杨景晖墓。墓园是无锡众多名门望族历史现象的见证之一。杨家祠堂等老建筑由于年久失修，破败不堪，后经国内专家反复论证，我们对这组无锡现有最大的北式建筑群做到修旧如旧，并与管社山、沿湖湿地有机融合（图2-88）。

图2-88 杨家祠堂

位于万顷堂右侧有一石崖，极为秀美，称为虞美人崖。崖石上有一苍松，弯弯如盖，立名“车盖”。抗日战争胜利后，拟建管社山庄至中犊山的造桥者，将石崖炸毁，以作桥基，后桥未建成，而美景则毁。为纪念历史人物项羽及其美人虞姬这一历史典故，经过修复，现在原石崖下方，重书了“虞美人崖”4个红色大字，并在石崖下方播种了虞美人草。

万顷堂东侧有一处岩崖，相传当年项羽避仇吴中，居于此地。崖上有一座彩绘华美、古典重檐的方亭，是为驻美亭，意蕴项羽和虞姬的故事。驻美亭为杨翰西等人于1916年认捐建造，20世纪80年代毁坏。2008年7月蠡湖整治建设中按照原样重建了驻美亭，并对周边环境进行改造，凸现昔日风采。

为留证蠡湖、梅梁湖最早曾是无锡自来水重要水源地，梅园水厂是无锡第一家自来水厂这段难忘的历史，在原无锡梅园自来水厂取水口建设思源亭，修复原自来水厂的惠泽亭，提醒人们清清湖水，披泽惠民，追思抚远，当应惜水似金。

历史上无锡百姓一直饮用河水、井水、塘水。20世纪50年代初，梅园水厂建成供水，从此锡城百姓开始饮用自来水。如今，梅园水厂历史使命完成，2008年8月19日无锡市人民政府将其列为第二批工业遗产保护名录。在蠡湖整治建设中，在半亩方塘旁利用原水厂老建筑布展了梅园水厂工业遗产陈列室（图2-89）。

镇湖庵位于管社山村庄内，原为观音堂，是大箕山村信教村民平时念佛烧香之地。在蠡湖整治拆迁过程中，由蠡湖办委托市佛教协会开原寺在原地重建修复。

无锡市水上旅游集散中心（管社山渔人码头）位于管社山东侧的湖湾，是一个天然的避风港湾。港湾有自发的鱼市，以尝湖鲜、看湖景为主要娱乐内容的“农家乐”船舶有几十条，还有供垂钓的营业鱼池及迷你水上高尔夫练习场。在蠡湖整治建设中，借鉴国外渔人码头的建设理念，建设了具有中国特色、现代化的、以休闲娱乐为主题的水上

图2-89 半亩方塘旁的梅园水厂工业遗址陈列室

图2-90　水上旅游集散中心

旅游集散中心——渔人码头，以及包括建筑面积3万平方米的一条商业街、游艇码头、游船码头、80杆位的高尔夫练习场和地下停车场等（图2-90）。

第十四节　金色港湾

金色港湾位于蠡湖南岸，金石路以北，蠡湖大桥与蠡湖隧道之间。 金色港湾为蠡湖功能分区“西静东动”的“动”区，是蠡湖水上活动的基地和市级文化商业中心。

为了高标准建设好金色港湾，蠡湖办邀请了擅长文化商业策划的美国捷得公司编制概念规划。金色港湾的规划设计借鉴了美国巴尔的摩港湾、澳大利亚悉尼的达令港湾、新加坡的新加坡港湾等国际港湾的建设经验，在搬迁、拆除沿湖单位和居民后，拆除了原有笔直生硬的石驳岸，开挖了一个内弯

（a）金色港湾原貌

（b）金色港湾原貌地形图

（c）金色港湾新貌

图2-91 金色港湾生态治理前后对比

直径300米的港湾。规划把内径300米的港湾打造成金色港湾，沿湾两头规划预留市级文化设施用地，沿港湾内侧打造集购物、餐饮、娱乐、旅游、文化等于一体的现代化商业文化中心，沿港湾周边留出开放面积达10万平方米的公共休闲活动空间。该港湾地形改造及沿湖开放绿地由蠡湖办在2006年组织实施完成。2009年无锡市政府在蠡湖大桥堍金色港湾西侧沿湖建设无锡大剧院。大剧院创作灵感来源于无锡自然山水。设计大剧院的芬兰设计师佩卡·萨米宁说："自然结构是最美的，无锡这座花园式的城市，其建筑应该体现这一理念。"大剧院建筑由8片大尺度的"树叶"组成，8片"树叶"中的5片覆盖能容纳1700多名观众的大剧场，3片覆盖能容纳700多名观众的小剧场，两组"树叶"中间为大剧院主入口（图2-91）。

第十五节 金城湾公园

金城湾公园位于蠡湖东南端，五湖大道（蠡湖隧道）以东，金城西路以南，贡湖大道以西，金石路以北，地处老城区和蠡湖新城、太湖新城交界处，总占地面积约53.5万平方米。蠡湖办工作的重点是拆迁滨湖区太湖街道大桥村、利农村地域内的住宅和工业、商业等非住宅，收购金城宾馆，妥善处理河南石油勘查局无锡疗养院企业改制过程中有关土地遗留

（a）金城湾公园旧貌

（b）金城湾公园新貌

图2-92　金城湾公园生态治理前后对比

问题及对原金城宾馆西侧湖心岛进行整治，通过实施退田（地）还湖及入湖河道整治等生态工程改善金城湾地区的环境，把蠡湖有机地融入城市。同时依据民间传说，充分挖掘金城湾的历史渊源，把历史故事与蠡湖千丝万缕的联系重现于世（图2-92）。

第十六节　沿湖开发商让出或自建公共开放绿地

在蠡湖综合整治前，蠡湖沿湖已有20世纪80年代起陆续建设的别墅区和酒店项目。沿湖有太湖花园酒店及虹桥花园、太湖威尼斯花园、太湖世家、湖玺庄园、山水湖滨、太湖山庄等别墅区，沿湖空间在开发商建设用地范围内，属业主私有领地。

在蠡湖整治建设工程中，开发商对政府整治建设蠡湖的大手笔十分感动，建设山水城市是无锡几代人的梦想，作为开发商，理应响应政府号召；再则，蠡湖综合整治及沿湖开放公园建设会给沿湖小区和单位带来更优美的生态环境，并提高其生活品质。在蠡湖办统一协调下，所有开发商按照蠡湖办的技术要求，让出或自建沿湖绿地并对外开放，为贯通38千米湖岸线负起应有的社会责任，真正做到各方协同，山水城市共建、共治、共享。

蠡湖沿线开发商让出或自建沿湖开放绿地岸线长度达2700米，面积达113653平方米（图2-93）。

（a）山水湖滨湖岸原貌

（b）山水湖滨湖岸新貌

图2-93 山水湖滨湖岸生态治理前后对比

把握“弹性”“留白” 彰显山水城市个性

——对蠡湖新城下一步规划建设的8条建议

2018年12月20日，我听取了近期规划局组织的蠡湖新城城市设计及控规修编情况，对蠡湖新城下一步规划建设，提出8条具体建议，供领导决策参考。

蠡湖新城是无锡最具山水城市特色的宝地，是无锡的稀缺资源，不可再生，未来的可建设用地并不多，规划一笔下去，影响深远。我们规划人要对这块绝版地抱以敬畏之心，并作为终身事业，守护好这块风水宝地。规划部门要谋定而后动，要有强烈的历史使命感，规划建设要慎之又慎。要注重细节的规划设计，细节决定成败，蠡湖新城的城市设计和控制性详细规划不同于一般地区的规划，在内容深度上要更深更细，体现山水城市特色。下一步如何来正确把握“弹性”和“留白”，我的基本态度是宁紧不松，规划设计和地块出让条件要严格设置，规划弹性主要应掌握在决策层面。

一、深入解读蠡湖新城

要深入分析蠡湖新城的优势、劣势，在全面分析优势的前提下，进一步梳理存在的劣势和不足。蠡湖新城位于城市西端，南侧西侧两侧临蠡湖，类似于人体的神经末梢，如果不解决“毛细血管”和外围交通连接等问题，蠡湖新城价值很难发挥。一定要树立问题导向，客观思考，辩证看待，深度解读，仔细观察春夏秋冬四季变换和不同时节以及一天早晚日出日落带来的各异景致，进一步挖掘其潜在的山水资源优势。要知行合一，创新性提出规划“留白”思路，建议对未来有重要影响、近期暂时无法定论的地块作“留白”处理，从严做好规划控制，留给子孙后代开发。要深入判断哪些地方近期不开发，哪些地方要等到条件成熟以后才能逐步开发，建议不要一次性全部开发，要有序开发。建议进一步创新体制机制，按照“整体性思维、系统性考虑、连续性实施”的规划实施策略，蠡湖新城建设要有资深的技术负责人，专门把关各类项目的准入及具体实施。

二、细化功能定位，落实对标城市

延续蠡湖新城规划提出的RBD（旅游休闲商务区）功能定位，进一步明确并强化蠡湖新城作为全市旅游集散中心的重要职能，扮靓蠡湖新城城市公共客厅形象，吸引留住游客，打造有独特个性的旅游度假天堂，让更多的外地游客住在蠡湖新城。要开拓视野，广泛收集国内外山水城市建设的成功案例和典范，深度考察学习，并从中吸取经验教训，对成功和失败案例都要深入研究。要对标成功案例，搜集包括规划设计单位、项目实施单位及开发商取得土地的方式、设计方案评审方法等详细做法，供蠡湖新城建设决策参考。

三、优化空间格局，彰显山水个性

蠡湖要留给世人一个什么样的格局？或是什么样的特色和个性？我的想法是：蠡湖新城未来要打造中国乃至世界范围内山水城市的典范和样板，打造经典之作，要实现“提到山水城市，大家首先想到的是无锡蠡湖新城”。要深入研究开发模式和开发时序，要避免规划形式上的肯定、实际操作上的否定。开发模式上，建议按照两级开发模式推进，一级开发即先打通内部水网和加密路网，搭好水陆双城骨架，搞好新城基础设施开发；在此基础上再进行二级开发，做好地块出让和建设。蠡湖新城控规修编有别于其他地区的控规，要按山水城市的空间结构要求，大大提高规划深度，精细提出容积率、建筑密度和建筑高度及城市设计空间轮廓线等控制要求，明确各地块在水路陆路上各自的出入口方向和建筑立面（含屋顶）要求及设备用房等各类附属设施设置的要求；同时，要提出分期开发时序，并优先确定启动区地块。

四、注重竖向设计

蠡湖新城和蠡湖作为有机整体，只有内部“毛细血管”畅通，才能实现新城和蠡湖无缝对接，进而真正实现山水城市的规划理念。要用最严格生态标准和精准的竖向设计，指导地块开发，实现污水零排放，中水再利用，雨水也要经处理后方能排放。蠡湖新城的规划不仅是一张平面图，更是一张立体三维图，因此竖向设计要非常精细，并需整体考虑，确定陆路、水路的标高及河道的通航要求、所有大小桥梁的标高，综合确定新城排水方案等，科学指导地块开发建设，避免由于零星单个项目的分期实施及实施标准不一而带来规划总体目标无法真正落地。

五、做好地下空间利用

地下空间利用和山水城市“水陆双城”格局对规划建设来讲是把双刃剑，既然认定了“水陆双城”，就必须以“水陆双城”理念为特色，其他工程建设规划必须处处贯彻“水陆双城”理念，对各类地下空间要充分加以利用。

六、梳理解决好内部交通

要坚持以人为本的理念，梳理和细化轨道线网、快速路、主次干道、支路慢行系统等各类交通规划，处理好内部交通与对外交通的有机衔接，细化内部支路网系统，大力发展公共交通、绿色交通及水上交通，做到与“水陆双城”理念无缝对接。专题研究环湖路设计方案，做好多方案比选。目前，环湖路交通功能较强，若能减少环湖路的机动车，环湖路就能真正实现亲水。但是如何有效分解沿湖交通，又能让市民及游客能便捷地达到沿湖地区，需要下一步重点研究。

七、谨慎选择开发单位和单体设计单位

对地块规划方案编制要严要求，开发准入要高门槛。建议要从严明确拿地程序，开发单位必须先做规划方案设计，待方案获得政府认可并通过后方能有资格参与土地招挂拍。关于规划中的“弹性”，是针对开发单位编制的规划设计方案如能符合蠡湖新城的发展理念前提下，可以适当做些“弹性”。在时序上，规划“弹性”只能放在后段，而不能简单放在地块出让条件中，否则易导致开发单位用足条件、踩边线，造成方案缺乏个性特色。“弹性”要掌握在科学决策层面，这一点很重要。对设计单位和投资商选择，必须要高门槛。没有规划“弹性”，规划相对机械、缺乏个性，但是“弹性”放在什么阶段、什么时间、由谁给，效果结果会迥然不同，这一点要牢牢把握。

八、关于功能业态

蠡湖新城定位是城市公共客厅、城市RBD。要参照国际上旅游度假城市的业态、形态，顺应旅游模式改变的新要求，明确旅游集散中心的功能和内涵，详细研究RBD的组成要素和业态布局及文化策划，建议对国内外城市公共客厅、RBD做专题调研，进一步细化完善明确蠡湖新城的功能定位和文化定位，要求项目开发商必须以自持物业为主，确保新城的质量、品位和长远效益，经得起历史的检验。

惠山、青龙山篇

引子

“石路萦回九龙脊，水光翻动五湖天”。古往今来，惠山就以其深厚的历史文化底蕴和迷人的自然风光被誉为“江南第一山”。1993年，惠山被国家林业局批准为国家级森林公园。及早规划、保护和建设好惠山、青龙山已成为无锡构筑生态城市、山水城市的一项重要而迫切的任务。

市人大常委会对这项工作高度重视，2004年7月28日，无锡市第十三届人民代表大会常务委员会第十次会议通过了《关于保护惠山、青龙山的决定》（以下简称《决定》），《决定》从“加快制订保护建设规划、坚持有序开发建设；组建统一管理机构，实行严格依法管理；加强综合整治，推进保护与建设；注重生态环境建设，提高建设品位”等四个方面，要求把惠山、青龙山建设成为我市重要生态休闲旅游胜地。

根据决定精神，无锡市委市政府高度重视，把保护惠山、青龙山列入了建设绿色无锡和打造山水名城的重要议事日程，并纳入《打造山水名城 共建美好家园——2005—2007年无锡市城市建设发展行动纲要》。

2005年3月8日，无锡市人民政府成立惠山、青龙山保护建设领导小组，下设办公室，全面组织展开惠山、青龙山保护、建设工作，主要包括拆违拆临工程、殡葬整治工程、矿山宕口整治复绿工程、林相改造工程、环境整治工程和生态修复工程等。只搞整治保护，不搞开发建设。

经过近四年的保护、建设，惠山、青龙山地区45平方千米环境整治取得阶段性成果，沿湖、沿山生态环境得到修复，沿太湖污染源得到有效整治，为广大市民及游客提供一个自然的、生态的休闲旅游场所，进一步彰显了无锡生态城市、山水城市的城市特色。

植树造林保护自然生态资源 显山露水彰显山水城市特色

——惠山、青龙山地区保护建设回眸

2004年7月28日，无锡市第十三届人民代表大会常务委员会第十次会议通过了《关于保护惠山、青龙山的决定》（以下简称《决定》）。《决定》指出：惠山、青龙山是无锡的城市“绿肺”，是无锡建设生态城市及湖滨山水城市得天独厚的生态资源。保护好惠山、青龙山功在当代、利在千秋。目前惠山、青龙山在保护、建设和管理方面还存在一些突出问题，社会各界对此十分关注。《决定》明确：市政府要按照科学发展观的要求，抓紧修编制定惠山、青龙山的保护建设规划，提高规划的科学性和可操作性；要组建保护建设的统一机构，解决目前多头管理、无序建设的状况；要研究制定相关政策措施，对惠山、青龙山范围内严重的乱开乱挖、私埋乱葬、私搭乱建等情况进行综合整治；要注重生态环境建设，提高建设品位。根据市人大《决定》精神，无锡市政府高度重视，把惠山、青龙山建设保护纳入《打造山水名城　共建美好家园——2005—2007年无锡市城市建设发展行动纲要》中。2005年3月8日，无锡市人民政府成立了以市长、分管副市长、分管秘书长和相关区、局主要领导组成的惠山、青龙山保护建设领导小组，下设惠山、青龙山保护建设办公室（下称保护办）。当时我任市政府分管城市建设的副秘书长，2002年11月起在蠡湖地区规划建设领导小组任副组长兼办公室主任（法人代表），2002年12月起任惠山古镇保护开发工作小组组长，考虑到惠山、青龙山地区和蠡湖地区、惠山古镇都是无锡山水城市的重要板块，且紧密相连，为利于统一规划建设和管理协调，市政府决定由我兼任保护办主任，具体负责统筹协调组织惠山、青龙山地区的规划保护和建设实施工作（图3-1）。

图3-1　2005年作者代表市人民政府向市人大常委会报告惠山、青龙山地区保护建设工作

接任保护办主任后，我和市园林局局长吴惠良、市农林局局长杨立强、市民政局局长蒋汉良三位办公室副主任一起，按照市人大《决定》提出的“统一规划、统一管理、有序建设、综合整治”的原则和目标，统一认识，惠山、青龙山的保护建设必须遵循客观自然规

律，坚持尊重自然、顺应自然、保护自然的生态文明理念，要“以空间治理和空间结构优化为主”。在仔细梳理了惠山、青龙山保护、建设和管理方面存在的突出问题的基础上，首先明确了规划局、国土局、农林局、民政局、园林局、滨湖区、北塘区、惠山区政府等保护办成员单位各自的工作分工，然后对各成员单位下达了惠山、青龙山保护建设任务书，同时代市政府拟文发布《关于在惠山、青龙山设立规划保护区的通告》，并研究确定了保护办的工作重点。

按照市人大《决定》提出的“统一规划、统一管理、有序建设、综合整治”的原则和目标，研究确定了保护办工作重点：主要包括治理“三乱”（为治理乱开乱挖山、私埋乱葬坟、乱搭乱建房而实施的殡葬整治工程、矿山宕口整治复绿工程、拆违拆临工程）、十八湾生态修复工程、钱荣路东侧显山透绿工程等。

2005年3月至2008年11月，我带领保护办同志充分发挥政府对惠山、青龙山地区规划与保护建设的组织领导作用，坚持工作例会制度，全面协调规划设计、工程拆迁、工程施工之间的各类矛盾，妥善解决各类问题，确保各项保护工程建设顺利推进。

从治理“三乱”着手，全面整治惠山、青龙山地区环境，保护和利用好山水城市独特的生态资源

一是殡葬整治工程。

保护办一成立，我们先进行深入细致的调查研究，得知由于历史原因，惠山地区自古就有百姓上山安葬先人的习俗。据史料记载，明清时期惠山上就有坟葬了。清乾隆年间，惠山被封为天主教的圣地，天主教徒去世后上惠山安葬。至1950年，坟场墓地已有相当规模。1982年1月，国务院转发民政部《关于进一步加强殡葬改革工作的报告》，文件要求农村生产队集体耕种的土地，社员承包的耕地和分配社员的自留地，不准随便葬坟。1985年2月8日，国务院又发布《殡葬管理暂行规定》，要求已占用耕地的坟墓应限期迁出或就地深埋。从此平原地区不能进行坟葬了，原先安葬在平地上的墓还要迁出，故去百姓的葬身之地只有上山。于是当时的生产大队就在惠山上给每个生产小队划出一块地，作为社员迁坟和墓葬

的去处。无锡地区百姓也习惯地把眼光瞄准惠山，他们通过与生产小队及村民（坟亲）的关系，在山上设坟，造成惠山山麓及山坡坟墓越来越多，密度越来越大，墓地范围越来越大，坟墓逐渐连成一片，散乱加上连片密集的墓地累计挤占山地上千亩。为此，市政府于2005年设立市惠山、青龙山殡葬整治工作指导小组，下设办公室，王国中副市长任组长，市政府副秘书长魏多任办公室主任，具体负责惠山、青龙山殡葬整治工作（图3-2）。

图3-2 私埋乱葬

整治私埋乱葬工作主要采取就地就近深埋，迁移至经营性公墓或集中深埋区，免费进入安息堂安放以及海葬等几种方式解决。对涉及惠山、青龙山景区、道路、宕口复绿等工程建设需要迁移的坟墓，经保护办确认后，由所在区负责，动员坟主在规定期限内按规划有组织地迁移；对不在惠山、青龙山景区、道路、宕口复绿等工程建设范围之内，不损害森林公园整体风貌的坟墓或坟场，原则上就地深埋、就近深埋，设置保护办统一设计的纪念标志；对在规定期限内既不深埋、又不自行迁移的，按“无主坟”处理，由所在区组织深埋后复绿，不留坟头、墓碑和标志；对为健在的人修建的“寿坟”，由原建造、销售单位或“寿坟”所在地组织负责做好坟主的工作，限期平整。三年中共整治私埋乱葬坟墓92392个，其中就地就近深埋坟墓68231个、迁移24161个。通过整治，消除了原坟墓的痕迹，清除了坟墓垃圾，较好地恢复了山体植被，使整治区域与周围自然山体环境相协调。并通过不间断地联合执法，有效地遏制惠山、青龙山地区私埋乱葬现象的蔓延（图3-3）。

在此基础上，还因地制宜处理历史上原乡镇村建设的非法公墓，对整治区域内9个非法公墓中的4个按照私埋乱葬坟墓的整治要求，进行了整体平毁；另外5个非法公墓中的8381个双寿墓、空墓收回进行整改、绿化处理。通过整治，公墓绿化面积有了明显增加，山体生态环境得到了进一步改善。

图3-3 整治私埋乱葬

为规范合法经营公墓，市保护办会同有关职能部门按照节约用地、保护环境和深化殡葬改革的要求，经过一年多的调查、测量核查，对市区8个经营性公墓2700余亩土地进行依法界定。通过规划，缩小了经营性公墓面积近300亩，墓地绿化率提高至60%以上，同时改善了公墓的公共设施。

经过整治，改变了惠山、青龙山地域坟墓遍地、死人跟活人争地的局面，打击了惠山、青龙山沿山地区“坟亲”和部分基层组织无序设坟、违法使用土地的行为，改善和提升了山体的自然生态环境面貌（表3-1，图3-4）。

表3-1 殡葬整治工程统计表

整治私埋乱葬坟墓	92392个
就近深埋坟墓	68231个
迁移	24161个

图3-4 整治后的公墓环境

二是矿山宕口整治复绿工程。

据现场调查，惠山、青龙山区域内共有16个宕口，涉及滨湖区10个（蠡园街道3个，荣巷街道3个，胡埭镇4个）、惠山区（钱桥镇）6个。这些开山采石后废弃的宕口，严重破坏山水城市的自然生态，且存在严重的地质隐患。

矿山环境整治涉及的矿界由于历史跨度大、纠纷多，原租赁双方订立的开采矿山的合同不规范，对开采方式、范围等约定不明，又加上历年开山采石对群众补偿不到位，宕口整治复绿范围内房屋拆迁、坟墓迁移等存在一系列矛盾和问题，为此我一开始就要求保护办会同市国土部门配合滨湖区、惠山区及所属的乡

图3-5　开山采石废弃宕口复绿施工现场

图3-6　宕口复绿施工中增设马道工序，消除地质隐患

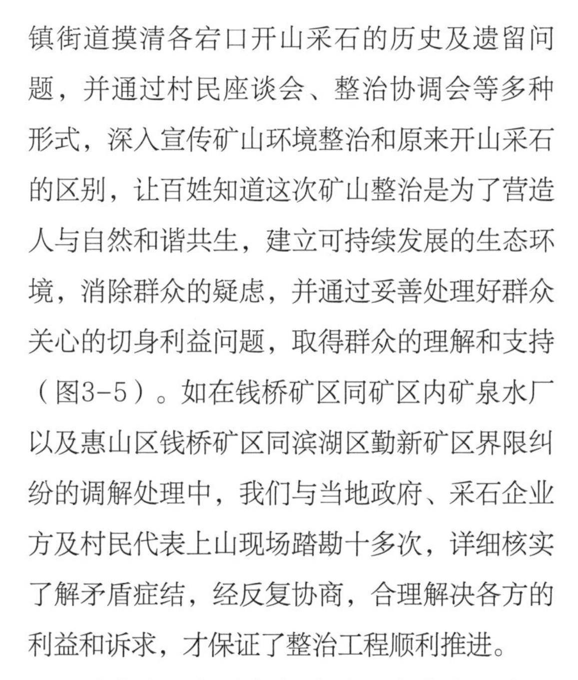

镇街道摸清各宕口开山采石的历史及遗留问题，并通过村民座谈会、整治协调会等多种形式，深入宣传矿山环境整治和原来开山采石的区别，让百姓知道这次矿山整治是为了营造人与自然和谐共生，建立可持续发展的生态环境，消除群众的疑虑，并通过妥善处理好群众关心的切身利益问题，取得群众的理解和支持（图3-5）。如在钱桥矿区同矿区内矿泉水厂以及惠山区钱桥矿区同滨湖区勤新矿区界限纠纷的调解处理中，我们与当地政府、采石企业方及村民代表上山现场踏勘十多次，详细核实了解矛盾症结，经反复协商，合理解决各方的利益和诉求，才保证了整治工程顺利推进。

矿山宕口整治复绿在技术上也有很多难题。国内一些地方已经实施的矿山宕口复绿工程普遍存在复绿方法不科学的现象，有的只注重平面土地的平整利用，忽视景观环境的改善；有的只追求眼前的绿化效果，忽视山体坡面的安全稳定和植被的长期生存条件等。在认真分析各地整治方法的基础上，我们要求国土部门提出较为完整、科学、合理的组织管理体系和整治标准、施工方式；要求园林局派有经验且有责任心的绿化高级工程师在现场就矿山复绿的植物配置、树种选择及种植方面的技术要求严格把关，提出以种植乔、灌木为主恢复生态；针对现状宕口普遍存在削坡坡度过大、创口面较大的实际，我们要求在整治过程中增加坡面稳定性评价程序和增设马道工序以消除日后的地质隐患（图3-6）。事实证明：在悬崖峭壁上开设马道，形成低于60度的稳定坡面，既排除了滑坡崩塌的地质灾害隐患，又为植被生长创造了固土蓄水的条件。在坡面植被方面，我们要求以乔、灌木为主，突出“野生”的味道，要求植被经若干年生长后，逐渐同周边的自然生态协调一致，不留开山采石的痕迹。对开山采石留下的平面土地的整理利用，我们坚持土地利用和城乡规划相一致的原则，因地制宜加以综合利用。

经过三年多的整治建设，惠山、青龙山地区的16个矿山宕口山体稳定，消除了地质灾害隐患，去除了原山体上的一个个开山采石留下的“伤疤”，坡面绿化、土地平整任务全面完成，共平整、复垦、绿化矿区废弃地102万平方米，复绿山体63.6万平方米，实现了社会效益、生态环境效益和经济利益的有机统一（图3-7）。

图3-7　宕口复绿后新景

三是拆违拆临工程。

历史上惠山、青龙山地区处于城郊、市县结合部，私搭乱建现象较为普遍，临时建筑、违法建筑建设时间跨度长、分布广、整治难度大，严重影响了惠山、青龙山地区的环境面貌。

2005年起，按保护办要求，惠山区、滨湖区、北塘区加大拆违拆临力度。共拆除钱荣路沿线97处7660平方米违、临建筑；拆除十八湾环太湖公路沿线308处23000平方米违、临建筑；拆除惠钱路沿线违建400平方米，完成惠钱路沿线门头广告和立杆式灯箱广告的清理整顿和原有建筑外立面修缮工作。通过拆违拆临，改善了山水城市的环境面貌，为惠山、青龙山生态环境整治的正常拆迁扫清了障碍（图3-8）。

图3-8　十八湾与惠钱路的私搭乱建

显山露水，实施十八湾生态修复工程，展现城市山水特色

在治理“三乱”的同时，我们保护办在市高速公路指挥部建设的环太湖公路两侧同步组织实施十八湾生态修复工程。十八湾好比一条“金扁担”，一头挑着梅园及城市，一头挑着马山和阖闾城。十八湾位于太湖最北端，沿山临湖、曲折蜿蜒，自然环境优美。但由于历史原因，道路两侧居民住宅与厂矿企业、部队众多，布局混乱，环境质量差；桃子、杨梅等马路市场常年占道经营，既影响交通又影响环境；沿线及上游的生活污水和工业污水大部分接入规模较大的14条泄洪渠后直接排入太湖，成为太湖的污染源。

十八湾生态修复工程（环太湖公路梅园立交—闾江口）全长11.8千米，包括梅园透绿工程、梅园立交至西环线（民福加油站）两侧环境综合整治工程、十八湾西环线至闾江口生态修复工程及十八湾截污工程等四个子项工程。我们结合现状对沿湖、沿山进行环境整治和生态修复，通过显山露水，将背景山林和太湖融会一体，实现了生态修复与人文景观、自然景观的和谐统一，更好地展现了山水城市特色（图3-9）。

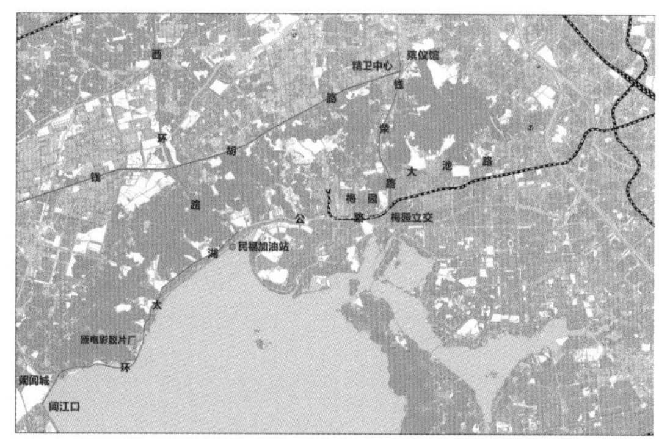

（a）十八湾生态修复工程位置示意图

（b）生态修复治理后的十八湾

图3-9　显山露水后的十八湾

一是梅园透绿工程。

荣德生先生1912年建造的梅园，是国家级文物保护单位。但梅园大门入口狭小，沿环太湖公路建筑密集且杂乱，园林局及梅园公园多年来一直想拆迁改造，但终因拆迁难度大、投入大而未能实施。为了改善梅园外部的环境面貌，实现拆房透绿、透山显绿、完善百年梅园的功能，2006年，我们保护办负责组织实施了梅园透绿

工程。该工程建设范围东从梅园横山钱荣路口西至梅园西大门，北从梅园南围墙南至环太湖公路，占地面积4.2万平方米。工程拆迁200户集土住宅和一户国土非住宅，面积35104平方米，工程内容包括梅园广场、停车场、新大门改造、梅园人行天桥及游客中心等配套设施、开原寺山门牌坊建设（图3-10、图3-11），杨氏旧宅“慎修堂”修复等。

为方便行人和游客跨越环太湖公路，确保行人及交通的安全，专门建设梅园人行天桥。梅园透绿工程及人行天桥的建成，改善了梅园地区的面貌，提高了梅园风景区外部环境质量，解决了游客游览梅园风景区的停车难与行路难问题，改善了梅园景区入口的游览秩序，同时为市民游客提供了自然、生态、优质的开放性公共休闲绿地。

梅园透绿工程范围内，有一座典型的民国建筑“慎修堂”。慎修堂位于梅园杨巷15号，其主人杨少棠是我国著名民族工商业家荣德生创建的荣氏企业的骨干。慎修堂建于1926年，整个宅院颇具规模，是一座古朴典雅的江南名宅。该建筑的砖雕、木雕、花窗等雕工精细，特别是名家韩国钧的题字“慎修堂”，弥足珍贵。此建筑因是名人故居，富有特色，且与荣氏梅园有文化渊源。在梅园透绿工程中，为了保护这幢古建筑，我们保护办因地制宜采取了搬迁的办法，即把居住在这幢房子内的住户按拆迁政策搬迁。待住户搬迁后，我们对老房子进行整修，做到修旧如旧。修缮后的慎修堂具有较高的文物价值（图3-12）。

图3-10 拆房透绿后的梅园入口

图3-11 开原寺山门牌坊

图3-12　杨氏旧宅慎修堂

二是梅园立交至西环线（民福加油站）两侧环境综合整治工程。

该地段位于城乡结合部，环太湖公路两侧建筑零乱，环境面貌差，在梅园至徐巷段尤为严重，初步形成了非法汽车配载市场；梅园西大门南侧2路车公交始发站，场地狭窄，周边交通秩序混乱，环境脏乱差；徐巷农贸市场占道经营，环境杂乱。为改善这一地区环境，我们经反复调研，决定对沿路两侧长约3.5千米、宽30～70米范围内环境进行全面整治，拆房建绿，共拆迁国土、集土住宅475户，建筑面积8.5万平方米；搬迁、关闭企业59家，建筑面积4.7万平方米，新增绿化面积30万平方米。决定把原2路公交站场从梅园门口迁至青龙山路口，取缔环太湖公路梅园至徐巷段非法汽车配载市场，重新选址新建徐巷农贸市场，修复徐巷农民讲习所（图3-13～图3-15）。

图3-13　梅园立交至西环线原貌

图3-14 徐巷农民讲习所

图3-15 西环线和民福加油站

上，按照显山透绿的要求，组织实施生态修复工程。工程拆迁阖闾村、湖山村住宅1022户，建筑面积26万平方米；非住宅36家，建筑面积约5.1万平方米；整治住家船41条（图3-16、图3-17）；收回埃迪、威玛、金宇等三家房产公司国有批租土地29.6万平方米；搬迁阿尔梅新材料有限公司、爱克发（无锡）影像有限公司，收回土地28.9万平方米。建设沿湖生态湿地及绿地82万平方米，建设沿山生态绿地189.72万平方米。

在沿湖一侧生态修复工程中，结合对太湖防汛直立式大堤进行了生态化改造，做到既满足防汛要求，又改善沿湖自然生态环境；因地制宜开挖水面取土方，对环太湖公路南侧沿湖田地进行微地形改造，做到土方挖填平衡，既

三是十八湾西环线（民福加油站）至闾江口生态修复工程。

该地段背山面水，位于太湖最北端，南临梅梁湖、北靠青龙山，涉及15个山湾，自然环境优美，但由于沿线民房多、小企业多、部队多，以及杨梅、桃子等市场占道经营多，加上无序建设、多头管理，沿线环境和山水城市要求很不相称。我们保护办在全面调查的基础

图3-16 十八湾沿线企业原貌

图3-17 生态修复前十八湾沿线入湖河道内住家船

图3-19　生态修复后的十八湾道路两侧新貌

节约政府投资，又丰富沿线地形地貌，并利用挖土开出的水面，种植不同品种的荷花，成为广大游客及摄影爱好者休闲、赏荷、摄荷的基地。同时在周边修建观景桥、亭，以及湖滨休闲步道和各种园路、停车场、厕所等配套设施（图3-18、图3-19）。

图3-18　生态修复后的十八湾沿湖新貌

位于十八湾闾江口的阖闾古城遗址是无锡市重要的吴文化遗存，1982年就被列为江苏省省级文物保护单位。为弘扬历史文化，市政府将阖闾古城遗址公园建设项目任务下达给保护办。为了保护好遗址范围内原有地形、地貌，保护办会同相关部门起草了《阖闾古城遗址公园保护临时管理规定》，在保护办完成阖闾城保护范围内拆迁和初步规划后，市政府将阖闾古城建设的具体任务调整给了滨湖区（马山国家旅游度假区）负责实施。

十八湾沿山一侧部队营区多，在部队营区和环太湖公路之间原来都是村庄、工业企业等用房。随着十八湾生态修复工程的推进，沿线村庄、企业逐步搬迁后，曾发生某些部队趁夜间、节假日擅自将营房围墙外扩和移植原拆迁地块内大树、名木等事件。例如某部队在保护办拆迁地块内擅自建造围墙并计划开设与环太湖公路相接的出入通道，占用十八湾公共绿化用地约500平方米；某部队在孙家湾地块拆迁中，擅自派员移植拆迁地块内100余棵大树至部队营区。为此，我们保护办一方面通过双拥办、军分区协调，制止类似事件再次发生，另一方面适当保留沿部队围墙的房屋（拆迁范围内村民已搬，但房屋未拆的），用于绿化养护管理作业用房，以防止某些部队趁我们工程战线长，再次外扩侵占生态绿化用地。

四是十八湾截污工程。

为彻底解决十八湾沿线污水直排太湖的问题，我们保护办在十八湾生态修复的同时，会同市政、交通等部门在沿环太湖公路（渔港望湖桥至阿尔梅新材料有限公司）铺设污水管道，接入西环线污水管道（图3-20）。

图3-20 生态治理修复后的入湖河口

显山透绿，提升惠山森林公园钱荣路出入口及上山环境，把山林融入城市

在钱胡路至大池路之间，钱荣路北侧有殡仪馆、精神卫生中心、勤新农贸市场等，销售小商品、副食品、农产品和殡葬用品等的小商小贩随路而设的马路市场，杂乱无序，严重影响交通及周边环境。钱荣路中间惠山森林公园上山道路旁有滨湖区荣巷街道勤新村化工企业（熔解乙炔厂），严重污染和影响森林公园环境；钱荣路南面紧靠道路的梅园茶果场企业和职工住宅及荣巷街道企业和居民点不符合显山透绿的要求，有碍森林公园的自然生态环境。我们保护办在全面调查、整体规划的基础上，开展钱荣路东侧显山透绿工程，共拆迁住宅340户，建筑面积4.2万平方米，关闭、搬迁非住宅27家，建筑面积3.54万平方米，组织对精神卫生中心、殡仪馆外部环境改造、搬迁马路市场、整治水系、改造森林公园上山道路、配套建设停车场和便民设施等（表3-2，图3-21）。

在2005年的政府工作报告中明确市殡仪馆移地新建，为此保护办会同民政局、规划局及滨湖区、惠山区政府反复进行选址，但

表3-2 钱荣路东侧显山透绿工程统计表

项目	数量	面积
拆迁住宅	340户	4.2万平方米
关闭、搬迁非住宅	27户	3.54万平方米

图3-21 显山透绿，生态修复后的钱荣路两侧新貌

基本上选址都选在无锡与常州武进交界处。一方面选址偏城市西北一侧，不方便大部分丧户；另一方面基层政府及老百姓怕影响自身利益、影响周边土地使用，也不同意选址。规划原来设想通过对殡仪馆土地进行置换的办法解决搬迁建设资金，但实际上根本行不通。因为没有一个开发商愿意花钱买殡仪馆及周边用地建房，而长期居住在周边的老百姓也已习惯在殡仪馆旁生活。面对这一棘手的选址问题，怎么办？我和民政局蒋汉良局长到市长办公室和市长直言，如实汇报选址进展情况，并建议调整政府工作报告，对殡仪馆实施原地改造提升。

我们提出殡仪馆原地改造的三条理由及建议：

一是尊重无锡民间习俗，丧户进出殡仪馆不愿走同一条大路。现在殡仪馆处于相对较好的位置，位于钱荣路和惠钱路、钱胡路3条道路的交界处；二是现殡仪馆大门正对钱荣路，门口吹喇叭的、买殡葬用品的严重影响交通、影响景观，我们建议沿钱荣路建设30米宽的浓密绿化带，从钱荣路上开一条连接殡仪馆的专用道路，同时搬迁殡仪馆北侧荣巷街道勤新村的一个50户的自然村，腾出的用地用来扩大殡仪馆停车场，彻底改善殡仪馆沿钱荣路环境；三是按园林式单位标准原地改造殡仪馆，费用低、群众工作容易做，既可大大改善钱荣路惠山森林公园周边环境，又可方便丧户进出。

听了我们陈述的3条理由及建议，市政府报经市人大批准后，最后同意殡仪馆在原地改造提升。经过保护办和民政局的共同努力，2006年启动并完成殡仪馆改造，达到了改善内外生态环境的目的，建设费用比原来搬迁预算还节省了四分之三（图3-22）。

市精神卫生中心东南角，钱荣路与钱胡路交叉口8640平方米用地内荣巷街道勤新村的民房破旧、乱搭乱建严重，与惠山、青龙山大环境极不协调，与改建后的精神卫生中心环境形成强烈反差，2007年保护办对其进行环境整治，拆除勤新村破旧房屋28户，5755平方米，

图3-23 精神卫生中心东南角新貌

（a）殡仪馆入口原貌

（b）改造后的殡仪馆入口新貌

图3-22 殡仪馆生态环境改造前后对比

实施环境绿化建设工程，建成后委托精神卫生中心日常养护管理（图3-23）。

为了方便市民及游客出入惠山森林公园，让山林融入城市，我们保护办对原钱荣路郑家旦至三茅峰6300米长的上山道路进行改建。结合沿线地形，按路面宽6.5米，设计车速20千米/小时的四级公路进行改造，同步配套建设停车场、休憩观景平台，在三茅峰上山道路终点处建设建筑面积400平方米的二层配套建筑和观景平台。

挖掘惠山、青龙山文化内涵，提升山水城市建设品位

“石路萦回九龙脊，水光翻动五湖天”。古往今来，惠山就以其深厚的历史文化底蕴和

迷人的自然风光被誉为“江南第一山”。我们保护办借鉴蠡湖整治建设时把“文化融入山水”的做法，通过对这一地区的文化进行挖掘、整理，结合山水形态，在功能布局、景观设计、林相改造、水生态修复过程中，把惠山、青龙山地区文化工程与“治理三乱、整治环境、生态修复”工程同步规划、同步实施。

为彰显十八湾地区的人文历史景观，充分利用十八湾地区资源的特性，充分挖掘人文、历史资源，如名人古墓、传说典故、禅宗佛学、闾江十大古景等，真正把十八湾建成一条集生态、旅游、休闲、文化于一体的山水文化长廊，成为无锡山水城市建设的又一看点（图3-24）。

在实施惠山森林公园上山通道（九龙道）改造工程时，我们保护办同步实施了九龙道文化项目。我国一代词宗、文学家秦观墓就在二茅坪下九龙道旁（图3-25）。秦观墓是我市著名的古代名人墓冢，已列入省级文物保护单位。在九龙道建设过程中，我们按照国家文物保护法的原则，组织动员秦观后裔出资，对多年失修的墓冢、祭台、团瓢泉等项目进行维修，由保护办在九龙道旁设置了秦观墓石坊等入口标志，并修筑了入墓园的山道和御碑亭、轩等建筑设施。此外我们还在二茅坪增设人文景观牌坊，在三茅坪九龙道终点处利用二层配套建筑建设惠山历史文化展示馆。展示馆内设立了惠山人文古迹、传说、名人、物产、历代诗词、动植物等展示区，并设立了森林公园基本知识展示区及多媒体播放区，在二层户外平台上设置了石刻无锡城区地图，让市民和游客在无锡城区制高点感受山水城市之美。

图3-24 十八湾雷渚亭

图3-25 秦观墓入口石坊

坚持以人为本，因地制宜做好征地拆迁安置工作，让山水城市的建设成果惠及百姓

坚持以人为本的发展理念，让山水城市建设的成果惠及百姓。一方面把十八湾地区、钱荣路东侧地区建成市民和游客共享的全天候免费开放的大公园；另一方面因地制宜，妥善解决企业和百姓关心的切身利益问题，让百姓在环境整治中得益，同时促进社会和谐稳定和建设工程的顺利实施。

在现状摸底调查中，我们发现：世居在十八湾的原胡埭镇阖闾村、湖山村村民靠山吃山、靠水吃水，有一个民间习俗，嫁女儿只肯往东嫁（靠无锡市区），不肯往北嫁（胡埭镇区），而无锡市的规矩是农民拆迁安置房建设是以乡镇（街道）为单位建设的，农民拆迁一般不能跨乡镇安置。当时胡埭镇的农民安置房已在镇上建好，而十八湾沿线村民提出要搬迁只肯往东迁至梅园渔港地区，不肯搬迁至胡埭镇上，后经我们保护办反复协调，最后经常务副市长出面协商，在滨湖区蠡园开发区渔港安置房小区内辟出一块用地，专门安置胡埭阖闾、湖山村拆迁村民。这是无锡历史上第一次实施大规模农民拆迁跨镇安置，成为以人为本、因地制宜解决农民拆迁安置的经典案例（图3-26）。

图3-26 湖山湾家园农民安置房

胡埭镇原属无锡县管辖，当年在十八湾共出让了埃迪、威玛、金宇3块房地产开发地块，但由于周边缺乏配套的基础设施，加上开发公司自身种种原因，三个开发地块都成了半拉子工程、烂尾工程，像一堆堆废墟置于山水之间，成了藏污纳垢之地，严重影响了十八湾山水环境（图3-27）。十八湾环境整治工程，需使用埃迪房地产公司土地，但由于历史原因，埃迪房地产公司与湖山村村民签订的参股协议中明确的村民参股收益款一直未支付，而埃迪房地产公司资产尚未进行清算，为此，村民不让施工单位进场施工。为推进十八湾生态环境工程建设，我们保护办采用特事特办的办法，暂借胡埭镇120万元，专项用于解决失

（a）十八湾沿湖房产公司留下的烂尾楼

（b）十八湾沿湖新景

图3-27 十八湾沿湖环境治理前后对比

地农民的社保问题，待埃迪房地产公司清算结束后，明确暂借款由胡埭镇负责在保护办拨付的土地补偿款中轧算扣除。

阿尔梅新材料有限公司（原电影胶片厂）是十八湾地区最大、最有影响力的企业。我们保护办根据企业的实际情况，一方面协助企业在新区另行征地建设，并协调解决征地建设中的矛盾和问题，推进易地建设进度；另一方面按照十八湾环境整治建设的时序，合理确定企业搬迁的时间。现状占地433亩、建筑面积7万多平方米的阿尔梅新材料有限公司位于太湖梅梁湖景区的核心景区内，经过几十年的建设，厂区内环境优美，树林郁郁葱葱，与山林融为一体，工业建筑结构牢固，可再利用。我们认为如拆了再要新建，在太湖风景区内，审批难度极大，可以说基本没有可能，于是2007年8月6日我们保护办在和阿尔梅新材料公司签订搬迁协议时明确厂区内“树木不移一棵，房屋不拆一间”，协议一签订我们保护办就派人对厂区内树木、建筑进行清点、登记、造册，建立全面保护原有树木及建筑的台账，以便今后对存量资产再盘活利用。随着和阿尔梅新材料有限公司搬迁协议的签订，十八湾地区企业搬迁全面启动（图3-28、图3-29）。

在钱荣路惠山森林公园出入口整治过程中，遇到了梅园茶果场、梅园茶研所、惠山森林公园管理处三家国有农业用地的征地，但在无锡征地史上，对国有农业用地征用的操作办法尚属政策空白点。我要求财政局会同人社局、国土局、建设局等提出具体操作意见。后经反复协调讨论，征求各方意见，实事求是、因地制宜确定解决方案，即国有农用土地补

图3-28 保护办和阿尔梅公司签订搬迁协议

偿标准按三个单位各自剩余土地总数，尚未置换身份的职工总数，确定每亩土地需要解决多少人的社保，再根据解决一个职工的社保需多少费用来分别确定3个单位的补偿费用，补偿费总额采取一次核定，分年度支付。在十八湾生态修复过程中，为治理太湖、消除农业的面源污染，建设生态湿地及绿地涉及使用胡埭镇的农业用地，受集体土地转国有土地指标的限制，当时无法直接采用征地的办法。我们特事特办，采用向农村集体租地的办法，每年向农民支付土地租金，同时按征地标准解决农民的社保问题，让广大失地农民在生态建设中率先受益，没有后顾之忧。

为了安置十八湾环境整治和蠡湖管社山等市重点工程农民拆迁安置的需要，减少被拆迁户在外过渡的时间，我们保护办会同相关部门坚持创新，打破在集体土地上安置农民的常规，采用特事特办的办法，把已有土地储备中心收购的国有出让土地TCL（原电视机厂）地块和2路公交梅园停车场国有地块作为大箕山安置房建设用地。遵循“布局合理、环境优

（a）电影胶片厂沿湖原貌

（b）电影胶片厂沿湖新貌

图3-29 阿尔梅新材料有限公司（原电影胶片厂）沿湖环境治理前后对比

图3-30　生态修复后的十八湾新貌

美、户型舒适实用、配套设施齐全”的原则，精心规划设计，精心组织施工，建设农民满意的安置房小区。

45平方千米的惠山、青龙山地区经过近四年的保护建设，从梅园至马山沿十八湾生态绿化带全线建成。钱荣路东侧显山透绿工程基本完成，私埋乱葬、开山采石全面禁止，乱搭乱建有效控制，沿湖、沿山生态环境得到修复，十八湾太湖污染源得到有效控制。把自然请回了城市，把森林融入了城市，为广大市民及游客提供一个自然的、生态的、开放的休闲旅游场所，使人与自然和谐相处。同时增加了惠山、青龙山这个锡城“城市绿肺”的肺活量，进一步彰显了无锡湖滨山水城市的城市特色，也为第二届世界佛教论坛在无锡灵山顺利召开，塑造了富有城市特色的山水环境（图3-30）。

无锡市人民代表大会常务委员会
《关于保护惠山、青龙山的决定》

（无锡第十三届人民代表大会常务委员会第十次会议通过）

惠山、青龙山是无锡的城市“绿肺”，是无锡建设生态城市和滨湖山水城市得天独厚的生态资源。保护好惠山、青龙山功在当代、利在千秋。目前，惠山、青龙山在保护、建设和管理方面还存在一些突出问题，社会各界对此十分关注。为加强对惠山、青龙山的保护，作如下决定：

一、加快制定保护建设规划，坚持有序开发建设。市人民政府要按照科学发展观的要求，抓紧修编制定惠山、青龙山的保护建设规划，加强科学论证，广泛征求社会各界意见，提高规划的科学性和可操作性。坚持统一规划，全面保护，有序建设，重点加快惠山国家森林公园的开发与建设。

二、组建统一管理机构，实行严格依法管理。要及早解决目前多头管理、无序建设的状况，明确管理主体与职责。市人民政府要组建保护建设的统一机构，全面负责惠山、青龙山的保护与建设工作，严格依法规范管理。

三、加强综合治理，推进保护与建设。要研究制定相关政策措施，对惠山、青龙山范围内存在的乱开乱挖、私埋乱葬、私搭乱建等情况进行综合整治，处理调整好各方利益，确保各项保护与建设工作的顺利推进。

四、注重生态环境建设，提高建设品位。要按照市场化运作的要求，探索建立多元化投入机制，加快保护与建设步伐；加强主要景点及基础设施建设，保护修复好风景名胜古迹；充分挖掘、修复和宣传历史人文景观，提高建设品位；加强林相改造，提升绿化水平。力争通过3~5年的努力，把惠山、青龙山建设成为我市重要的生态休闲旅游胜地。

本决定中惠山、青龙山的范围包括惠山、锡山、嶂嶂山、莲花山、青龙山、舜柯山、东湾山、鸡笼山等各山体及其坡地。

本决定的执行情况，市人民政府应向市人大常委会作出报告。

2004年7月28日

无锡市人民政府
《关于在惠山、青龙山设立规划保护区的通告》

根据市人大常委会《关于保护惠山、青龙山的决定》精神，市人民政府已全面实施惠山、青龙山保护建设工作。为保护这项无锡新三年建设的重大工程的顺利推进，创建和谐宜人的山水名城，经市政府研究决定，特通告如下：

一、依法加强对惠山森林公园实行全面、严格的保护性建设。规划保护建设的范围包括惠山、锡山、嶂嶂山、莲花山、青龙山、舜柯山、东湾山、鸡笼山等各山体及其坡地45平方千米范围。

二、本《通告》发布之日起，禁止在上述范围内新的私开乱挖、私埋乱葬、私搭乱建。对上述“三乱”现状，利用三年时间实行全面整治、科学规划、保护建设，把惠山、青龙山基本建成我市重要的生态休闲旅游胜地。

三、全面开展殡葬整治。禁止在规划保护区内出现新的私埋乱葬，包括禁止市民及沿山镇、村世居居民骨灰安葬、合葬、老坟整修等，公园保护区现有私埋乱葬由当地镇（街道）、村（居委会）登记造册，维持原状，（除合法公墓外）一律只迁不进，年内由各区组织平迁无主墓、“活人墓”。三年内深埋、平迁全部私埋乱葬坟墓。

四、加强对现有合法公墓的管理。该规划保护区内的现有合法公墓维持实际现状，停止批建新的公墓或扩大公墓用地范围，停止在等高线25米以上坡度山坡建造新的墓区或坟墓，禁止超面积建造、销售墓穴，严格规范公墓建设标准、经营手续，明确绿化、环保要求。

五、禁止在规划保护区内建设非法公墓和农村公益性集葬墓地。要坚决取缔非法公墓，规范农村公益性墓地管理。农村公益性墓地必须办理合法手续，并只能为本乡、本村群众提供公益性服务，不得对外经营，凡对外出售墓穴的，要立即停止经营。对有令不行、有禁不止，继续进行违规活动的，将追究直接责任人和行政领导的责任，近期市民政、国土、农林部门及各区政府，要组织专项清理整顿。

2005年5月13日

惠山古镇篇

引子

唐宋元明清，从古看到今。惠山古镇比较完整和系统地保存了中国祠堂文化发展的千年历史年轮，是无锡的露天历史博物馆。在0.3平方千米内，集中了上百家祠堂，其数量之多、类型之全，尤其是大多数祠堂脱离宗族、家族的聚集地而成群集聚在惠山古镇，这种文化现象在国内外罕见。惠山古镇靠山、近城、枕河，地理位置独特，自然环境优美，是历史上无锡山水名城的缩影。因此，惠山祠堂群（惠山古镇）申报世界文化遗产，不仅仅是修复建设祠堂群其物质的形，更重要的是要展现其文化之魂、文化之根！

为什么世界上四大文明古国，只有中国的文化延续至今不断？这里面祠堂文化起到了什么作用？

为什么2003年7月28日我们还没有启动惠山古镇修复建设，无锡市政府就向江苏省政府打报告然后转报文化部，请求将惠山祠堂群列入世界文化遗产预备名单，并组团参加2004年6月28日在苏州举办的第28届世界文化遗产大会及世界遗产展活动，2012年11月惠山祠堂群怎么会被列入中国申报世界文化遗产预备名单？

为什么我要在2002年底启动修复惠山古镇之初就提出“全力求证，小心落笔；保护有据，发展入理；宁留残缺，不求圆满；精心运作，低调宣传”的32字工作方针？

为什么康熙、乾隆二位皇帝六下江南，每次必访无锡惠山祠堂？

为什么周敦颐、二程（程颢、程颐）、朱熹、吕祖谦等中国理学大家都会在惠山古镇有祠堂？

为什么不是惠山人、无锡人，而会脱离自己的宗族、家族集聚地到惠山古镇来建祠堂？

为什么我们在2004年8月惠山古镇修复建设正式启动前，就要成立无锡祠堂文化研究会？

为什么我们要提出保护惠山古镇的“三老”（老惠山、老祠丁、老字号店）？

这一连串的为什么，需要我们围绕惠山祠堂群之“魂”去思考、去探寻，在对惠山祠堂文化的研究及惠山祠堂群保护、建设及申遗的过程中去一一解开其中之奥秘。

保护惠山古镇山水肌理 建设无锡露天历史博物馆

——我和惠山祠堂群申遗

2000年年底，当时我在无锡市政府任副秘书长，收到规划局转报园林局锡惠公园管理处《关于修复锡惠公园内主要景点规划的报告》，报告内容包括锡惠公园内16个祠堂、寄畅园二期的修复、天下第二泉的疏浚以及一些景点的整修等，报告中涉及的内容引起了我的关注和思考。我从1983年起，一直工作在城市规划建设管理岗位上，对无锡的城市规划、建设有较深的感情，我深知报告中提到的16个祠堂，仅是惠山祠堂群在锡惠公园内的一小部分，而惠山祠堂群远不止这些祠堂（图4-1）。据相关史料记载，20世纪五六十年代，无锡一些有识之士曾向市人民委员会呼吁保留惠山祠堂，为此，1964年，市人民委员会对惠山祠堂进行过调查。当时初步的调查统计显示：房管部门接管73间、2049.9平方米，部队占用331间、8858.9平方米，机关、学校、企事业单位占用55间、1574.7平方米，祠丁使用138间、3008.9平方米，住户租用213间、6549.8平方米，总计810间、22042.2平方米（表4-1）。在文化大革命期间，惠山的祠堂和古迹都遭到了相当大的破坏。

21世纪之初，城市对历史文化的认知和保护意识日渐强烈。2002年12月13日，无锡市政府为加强对惠山古镇保护开发工作的领导，决定成立无锡市惠山古镇保护开发工作小组（以下简称工作小组），下设办公室（以下简称古镇办）。我受市政府的委派担任工作小组组长，园林局、规划局、国土局及北塘区政府等9个单位为工作小组成员单位，园林局局长吴惠良兼任办公室主任。

工作小组成立后，我做的第一件事就是组织对惠山古镇规划范围内现状进行全面调查，

图4-1　上世纪初惠山古镇原貌

表4-1　1964年惠山祠堂初步调查统计表

占用主体	间数	面积/m^2
房管部门接管	73	2049.9
部队占用	331	8858.9
机关、学校、企事业单位	55	1574.7
祠丁使用	138	3008.9
住户租用	213	6549.8
总计	810	22042.2

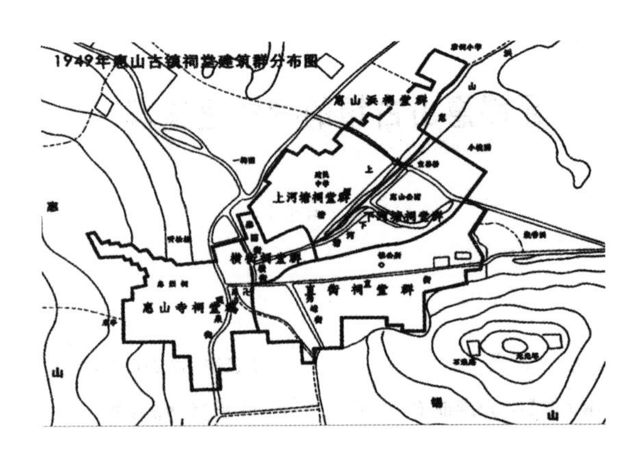

图4-2 1949年惠山古镇祠堂建筑群分布图

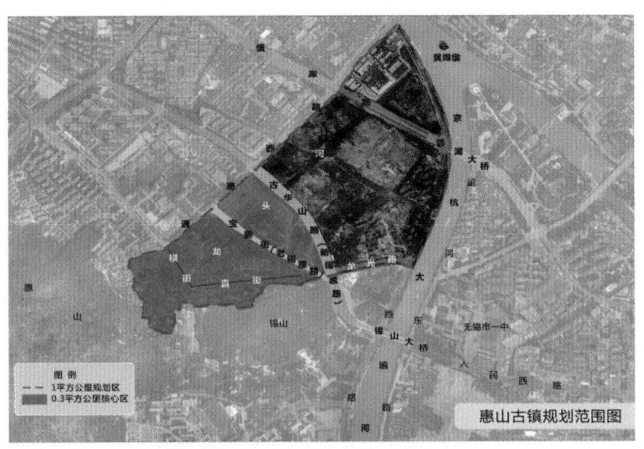

图4-3 2002年惠山古镇规划调查范围图

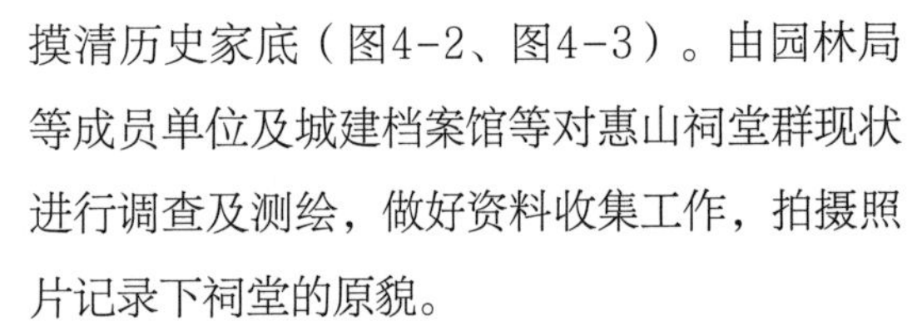

摸清历史家底（图4-2、图4-3）。由园林局等成员单位及城建档案馆等对惠山祠堂群现状进行调查及测绘，做好资料收集工作，拍摄照片记录下祠堂的原貌。

我要求这些单位做到“在调查中发现，在发现中保护”。通过对惠山古镇（西起天下第二泉、东至黄埠墩、南至锡山龙光塔北侧、北至通惠西路）现状深入细致的调查后发现，惠山祠堂群（包括锡惠公园内、惠山直街、横街、上河塘、下河塘和烧香浜）共有祠堂百余个，时间跨度自唐代（公元8世纪）至民国（1949年前）约1200余年，涵盖官设的公祠及民间联宗所建的私祠两大类别及神祠、墓祠、宗祠、专祠、先贤祠、忠烈祠、寺院祠、书院祠、园林祠、行会祠等十大类型的完整体系，有不同姓氏的主祭祀人物70余个（表4-2，图4-4、图4-5）。

形成了沿河、临街、近泉、靠山的祠堂园林群落且密集分布的特点；比较完整和系统地保存了中国祠堂文化发展的千年历史年轮；全面体现了祠堂祭祖尊贤，珍藏宗谱、修谱续谱，立家法、族规、家训，办教育、义庄，家族教育的道德法庭及集会等功能，是国内外正在不断消失的传统祠堂文化的杰出例证。

表4-2 无锡惠山祠堂群祀主姓氏一览表

序号	姓氏	序号	姓氏	序号	姓氏	序号	姓氏
1	陈	21	侯	41	孙	61	薛
2	储	22	季	42	司马	62	杨
3	蔡	23	蒋	43	苏	63	袁
4	程	24	江	44	施	64	尤
5	戴	25	嵇	45	邵	65	虞
6	邓	26	廉	46	单	66	俞
7	杜	27	鲁	47	史	67	于
8	丁	28	陆	48	谈	68	叶
9	范	29	李	49	陶	69	祝
10	费	30	刘	50	唐	70	张
11	过	31	孟	51	汤	71	周
12	顾	32	马	52	魏	72	朱
13	高	33	倪	53	韦	73	邹
14	龚	34	浦	54	卫	74	赵
15	黄	35	潘	55	王		
16	何	36	钱	56	万		
17	华	37	秦	57	吴		
18	胡	38	强	58	武		
19	惠	39	吕	59	徐		
20	海	40	荣	60	许		

在0.3平方千米内集中了如此规模及类型的祠堂群，其数量之多、密度之高、类型之全，尤其是大多数祠堂脱离宗族、家族的聚集地而成群集聚在惠山古镇，这种文化现象在国内外罕见，称得上世界独有。

2003年3月27日，我们提出惠山古镇规划与保护建设的目标定位为“建设无锡露天历史博物馆、中国名镇、争取进入世界文化遗产保护名单”。

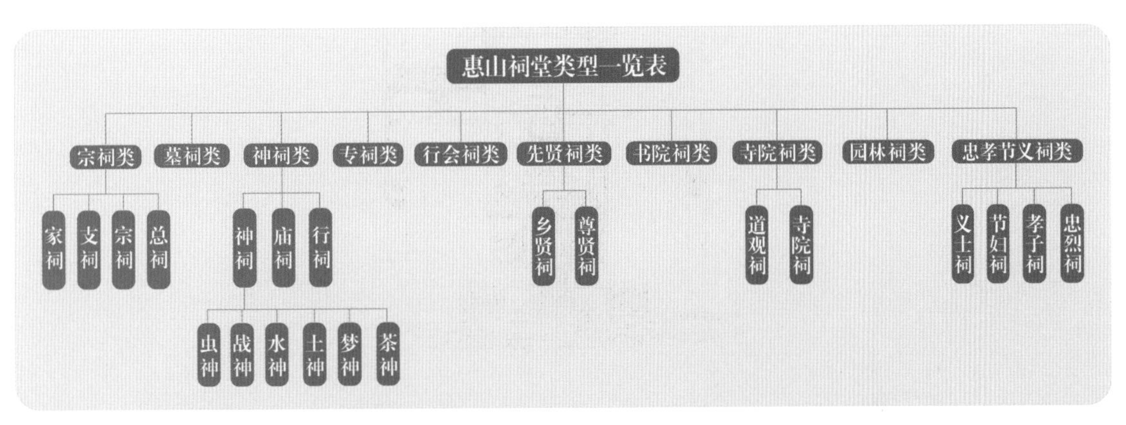

1. 宗祠（过郡马祠）

2. 墓祠（邹公祠）

图4-4　惠山古镇祠堂十大类型

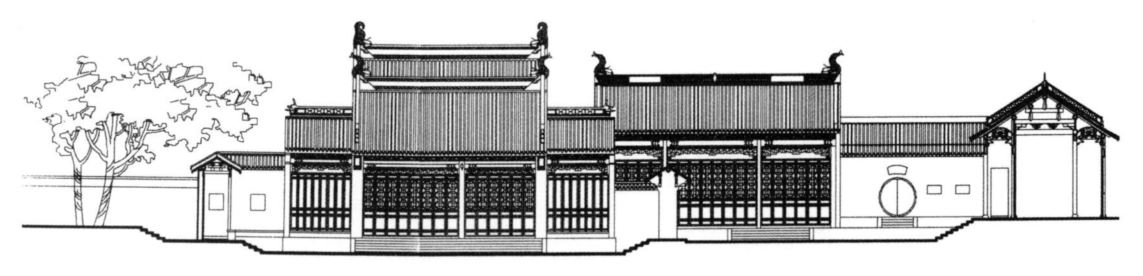

3. 神祠（张巡庙祠）

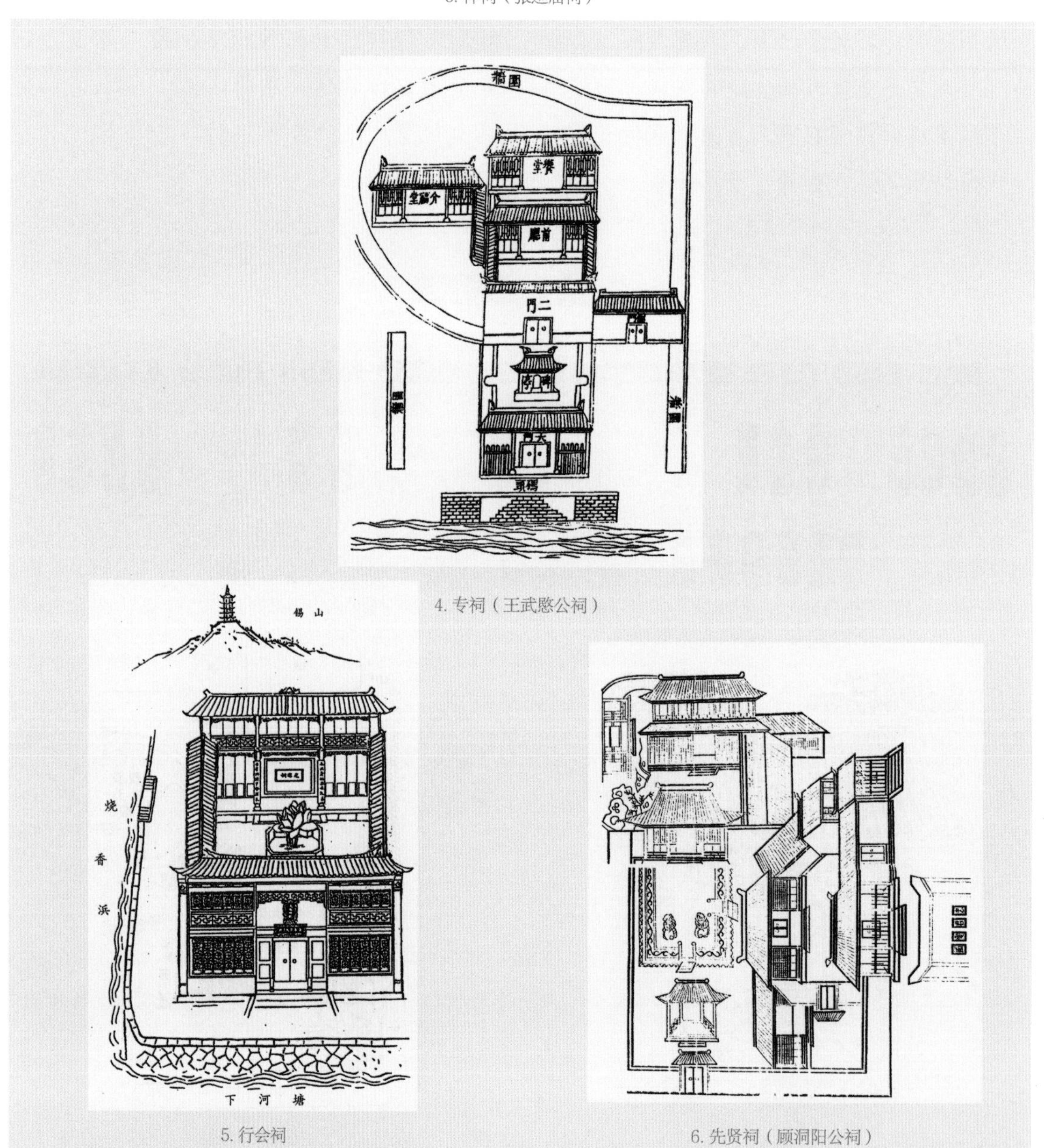

4. 专祠（王武愍公祠）

5. 行会祠

6. 先贤祠（顾洞阳公祠）

7. 书院祠（邵文庄公祠）

8. 寺院祠（李忠定公祠）

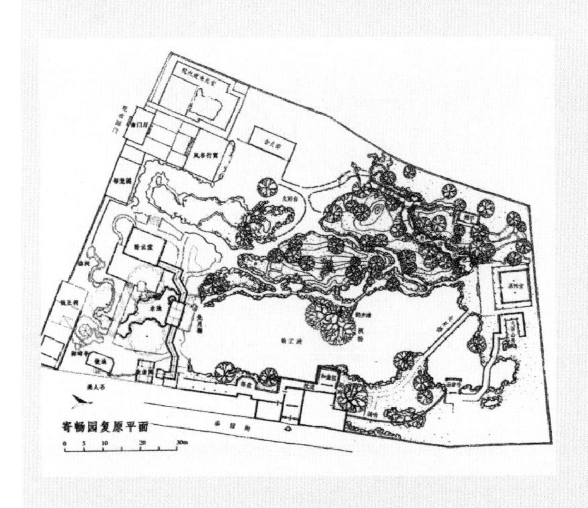

9. 园林祠（秦氏寄畅园）

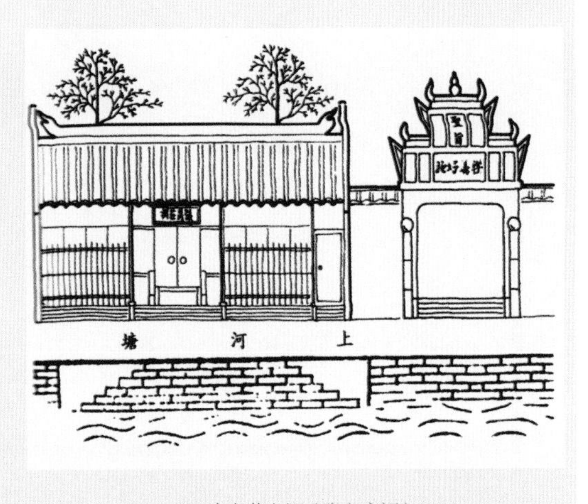

10. 忠孝节义祠（张义庄祠）

图4-5 惠山古镇祠堂分布图

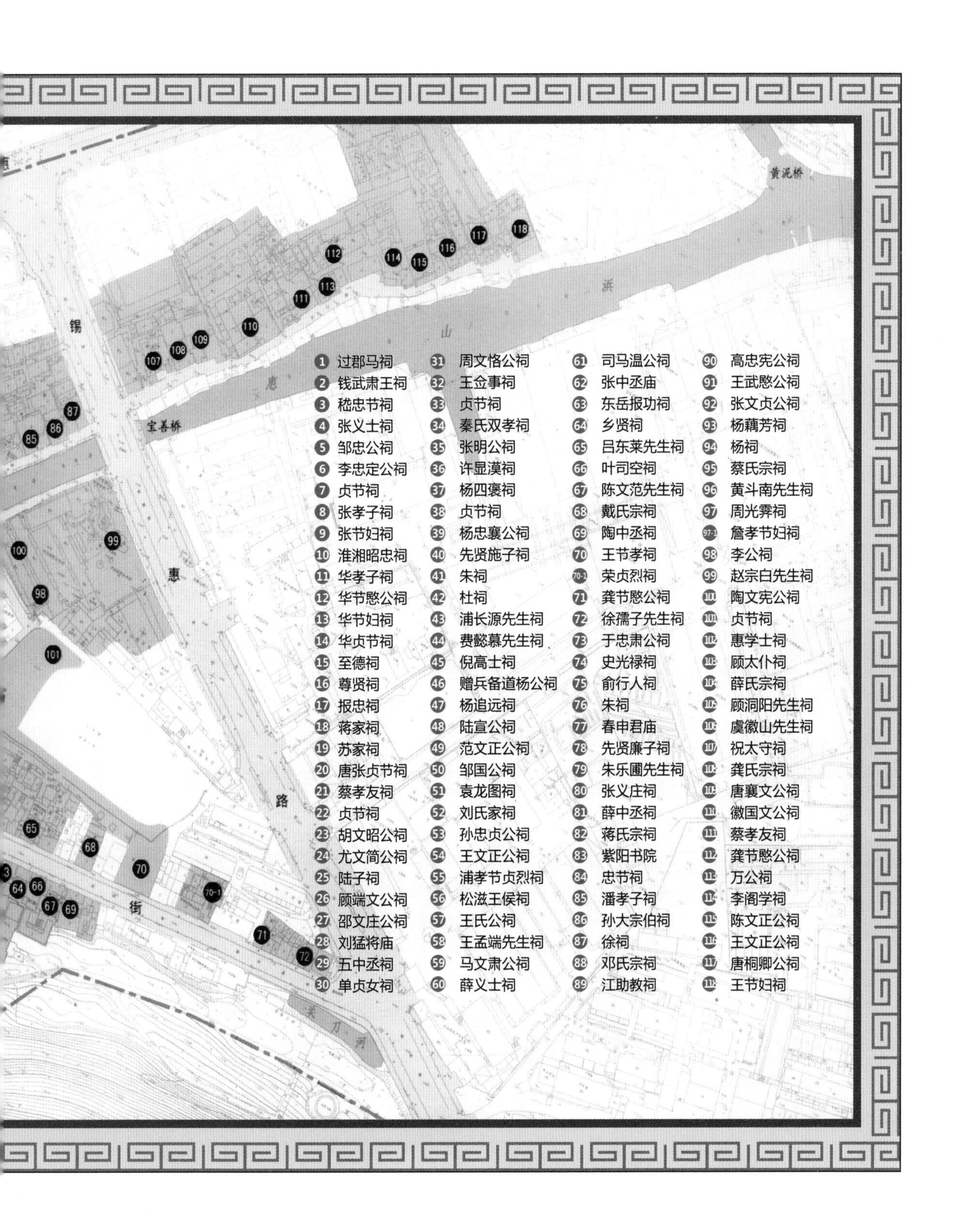
黄泥桥
锡
惠
路
街
宝善桥
惠
山
浜
1 过郡马祠
2 钱武肃王祠
3 嵇忠节祠
4 张义士祠
5 邹忠公祠
6 李忠定公祠
7 贞节祠
8 张孝子祠
9 张节妇祠
10 淮湘昭忠祠
11 华孝子祠
12 华节愍公祠
13 华节妇祠
14 华贞节祠
15 至德祠
16 尊贤祠
17 报忠祠
18 蒋家祠
19 苏家祠
20 唐张贞节祠
21 蔡孝友祠
22 贞节祠
23 胡文昭公祠
24 尤文简公祠
25 陆子祠
26 顾端文公祠
27 邵文庄公祠
28 刘猛将庙
29 五中丞祠
30 单贞女祠
31 周文恪公祠
32 王佥事祠
33 贞节祠
34 秦氏双孝祠
35 张明公祠
36 许显漠祠
37 杨四褒祠
38 贞节祠
39 杨忠襄公祠
40 先贤施子祠
41 朱祠
42 杜祠
43 浦长源先生祠
44 费懿慕先生祠
45 倪高士祠
46 赠兵备道杨公祠
47 杨追远祠
48 陆宣公祠
49 范文正公祠
50 邹国公祠
51 袁龙图祠
52 刘氏家祠
53 孙忠贞公祠
54 王文正公祠
55 浦孝节贞烈祠
56 松滋王侯祠
57 王氏公祠
58 王孟端先生祠
59 马文肃公祠
60 薛义士祠
61 司马温公祠
62 张中丞庙
63 东岳报功祠
64 乡贤祠
65 吕东莱先生祠
66 叶司空祠
67 陈文范先生祠
68 戴氏宗祠
69 陶中丞祠
70 王节孝祠
70-1 荣贞烈祠
71 龚节愍公祠
72 徐孺子先生祠
73 于忠肃公祠
74 史光禄祠
75 俞行人祠
76 朱祠
77 春申君庙
78 先贤廉子祠
79 朱乐圃先生祠
80 张义庄祠
81 薛中丞祠
82 蒋氏宗祠
83 紫阳书院
84 忠节祠
85 潘孝子祠
86 孙大宗伯祠
87 徐祠
88 邓氏宗祠
89 江助教祠
90 高忠宪公祠
91 王武愍公祠
92 张文贞公祠
93 杨藕芳祠
94 杨祠
95 蔡氏宗祠
96 黄斗南先生祠
97 周光霁祠
97-1 詹孝节妇祠
98 李公祠
99 赵宗白先生祠
100 陶文宪公祠
101 贞节祠
102 惠学士祠
103 顾太仆祠
104 薛氏宗祠
105 顾洞阳先生祠
106 虞徽山先生祠
107 祝太守祠
108 龚氏宗祠
109 唐襄文公祠
110 徽国文公祠
111 蔡孝友祠
112 龚节愍公祠
113 万公祠
114 李阁学祠
115 陈文正公祠
116 王文正公祠
117 唐桐卿公祠
118 王节妇祠

调查摸底有了初步的结果，2003年3月27日，我主持召开了工作小组第一次成员会议，提出惠山古镇规划与保护建设的目标定位为“建设无锡露天历史博物馆、中国名镇、争取进入世界文化遗产保护名单”；确定规划建设范围，核心保护区（0.3平方千米）和风貌协调区（0.7平方千米）。核心保护区的性质为中国祠堂文化群落保护区和研究中国谱牒文化的基地，要求充分挖掘其文化内涵，将祠堂、园林、二泉、庙会、泥人、书院、理学文化等有机结合，凸显无锡地方特色，把惠山古镇做成无锡走向世界的一张文化名片。会议还就惠山古镇详细规划的深化、完善、报批，锡惠路改道方案的编制，用地及拆迁政策的研究等问题明确了各成员单位的分工要求。

2003年5月26日，我主持召开了古镇办全体工作人员会议，对办公室工作提出了具体的要求：

一是要针对惠山古镇保护建设工作的实际情况，就近期各项工作分解落实，制定阶段性工作目标，落实负责人及责任人，并通过建立例会制度检查各项工作目标的完成情况。当前，仍然要把核心区内的祠堂情况作更深、更细、更实的调查摸底。要根据申报世界文化遗产的要求，做好调查表的设计、汇总工作。

二是要针对惠山古镇保护建设启动区涉及的有关事宜，提出一个完整方案，供领导研究决策。项目启动主要取决于规划，因此方案中要明确规划完成及报批时间、实施过程中需要市里协调解决的事项、提出修复建设概算、锡惠路改道规划方案、建设时间的计划安排、与308部队用房的土地置换方式及政策、古镇保护建设与锡惠公园名胜区的关系、古镇保护建设的旅游功能定位等方面的建议。

三是要从惠山古镇保护建设的方针和总体要求出发，做好古镇保护建设的政策研究工作。政策研究要有前瞻性、可操作性。既要保证古镇保护建设工作的整体推进，又要经得起后人评说；既要考虑与全市有关政策的衔接，又要体现古镇保护和建设双重职能的个性化要求；既要考虑核心区的保护政策，又要考虑协调区的建设要求；既要考虑动迁安置政策，又要考虑古镇人气、活化文化所需的留置政策；既要考虑面上保护建设的政策，又要考虑内部的操作规定和程序。

四是为有利于惠山古镇保护建设办公室的工作开展，办公室内部组织机构要围绕计划、规划设计、工程实施等职能，组建相关部门分类开展工作。办公地点要根据信息化要求，安装宽带网络、建立惠山古镇网站并实行内部联网。

正值我们对惠山古镇祠堂群的调查、测绘、规划等工作全面展开时，2003年6月6日，江苏省文化厅转发了国家文物局、中国教科文全委会《关于加强〈世界文化遗产预备名单〉申报工作的通知》，此通知阐明，根据《世界遗产公约》的有关规定，在正式申报新的世界文化遗产之前，各缔约国应将今后5～10年内有可能申报的遗产列入本国的预备名单，报世界遗产中心备案，并要求各地“对照世界文化遗产入选原则，严格把关，申报和管理好遗产”。此通知的下发，与我们工作小组成立后第一次成员会议上提出的“争取将惠山祠堂群申报世界文化遗产”的目标定位正好吻合。为此，我们在第一时间，为市政府代拟报批文稿。2003年7月28日，无锡市人民政府以《无锡市人民政府关于请求将无锡惠山祠堂建筑群列入世界文化遗产预备名单的请示》，向江苏省人民政府正式提出惠山祠堂群申报世界文化遗产的请求，并附报惠山祠堂群概念性规划和详细规划。

惠山古镇靠山、近城、枕河，地理位置独特，自然环境优美，是历史上无锡山水名城的缩影，由于其所处地位的特殊性、保护修复的重要性、文化价值的不可再生性，决定了惠山古镇的保护建设不同于一般的古镇，而是一项以保护历史文化为前提的、以申报世界文化遗产为目标的重大而艰巨的文化保护建设工程。我们提出，惠山古镇的规划、保护和修复，一方面要保护前人创造的文化遗产，修旧如旧，让它们经我们之手光鲜地传递给下一代；另一方面要在继承中创造属于我们这个时代有价值的文化，成为留给后代的财富，可以让后人了解我们这个时代的生活。为此，我经过反复思考，提出了“全力求证，小心落笔；保护有据，发展入理；宁留残缺，不求圆满；精心运作，低调宣传”的三十二字工作方针。

2003年7月28日，无锡市人民政府向江苏省人民政府正式提出惠山祠堂群申报世界文化遗产的请求。惠山古镇靠山、近城、枕河，地理位置独特，自然环境优美，是历史上无锡山水名城的缩影。由于其所处地位的特殊性、保护修复的重要性、文化价值的不可再生性，我提出了“全力求证，小心落笔；保护有据，发展入理；宁留残缺，不求圆满；精心运作，低调宣传”的三十二字工作方针。

我们要求工作小组及办公室对惠山古镇保护修复做到慎之又慎，做到每做一项工程都要反复推敲，寻找到保护建设依据，凡是保留下来的都要经得起历史考证；凡是新建的或拆除的都要符合惠山古镇的发展肌理，对一时找不到依据的或依据不充分的宁愿暂时放一放，有待后人考证后再建设。我要求所做的工作，一定要让内行看了有门道，外行看了乐忘返；而我们本身则要“顶得住压力、耐得住寂寞、经得住诱惑”，脚踏实地、只做不说，一步一个脚印做好惠山古镇修复及申遗工作，不让文物贩子在我们修复过程中提前介入低价收购古镇内有文化价值的东西。

我们对申遗没有经验，但我们非常清楚地认识到，惠山祠堂群不仅是中国乃至世界上单位用地范围内祠堂（姓氏）最为密集的地方，也是无锡市文化专项规划确定的市区四大历史文化街区中保存最为完整、文化内容最为丰富的历史街区，更是无锡唯一具有单独申报世界文化遗产资格条件的项目。

惠山古镇保护建设是一个长期的过程，需要一代又一代人的努力和付出，我们要抱着敬畏历史、敬畏文化的态度，小心翼翼地去保护修复，绝不能急于求成，要静下心来精心做，少受外界干扰。

只有通过长期努力，把惠山古镇真正修复建设成无锡的一个露天历史博物馆，申报世界文化遗产工作才有可能取得成功。为此我们在同济大学、无锡市规划设计院编制的惠山古镇概念性规划的基础上，专门聘请有申遗经验的无锡籍资深规划专家、云南丽江古城申遗规划负责人、云南省城乡规划设计院顾奇伟院长领衔编制惠山古镇保护建设规划，聘请昆明理工大学建筑系主任朱良文等协助编制了惠山古镇保护发展修建性详细规划（图4-6、图4-7）。该规划于2005年4月14日经市政府批复同意。

2004年6月28日，第28届世界遗产大会在苏州举行，惠山古镇经批准参加了此次世遗大会的“世界遗产展”活动。我们提出要把惠山古镇建成研究中国儒家文化、中国谱牒文化的基地。大会对无锡惠山古镇申报世界文化遗产十分重视并看好，在大会会刊《申报世界遗产部分项目简介》中，无锡惠山祠堂群名列其中。同年6月30日，人民日报海外版在“保护世界共同遗产，传承人类历史文明”的通栏标题下，刊登了我和古镇办主任吴惠良、园林局夏泉生副总工程师的三篇文章，题目分别为《整体着眼，以保护求发展》《无锡惠山祠堂群》《研究祠堂中的特质文化》。文章在向世

图4-6 宝善桥（顾奇伟手绘图）

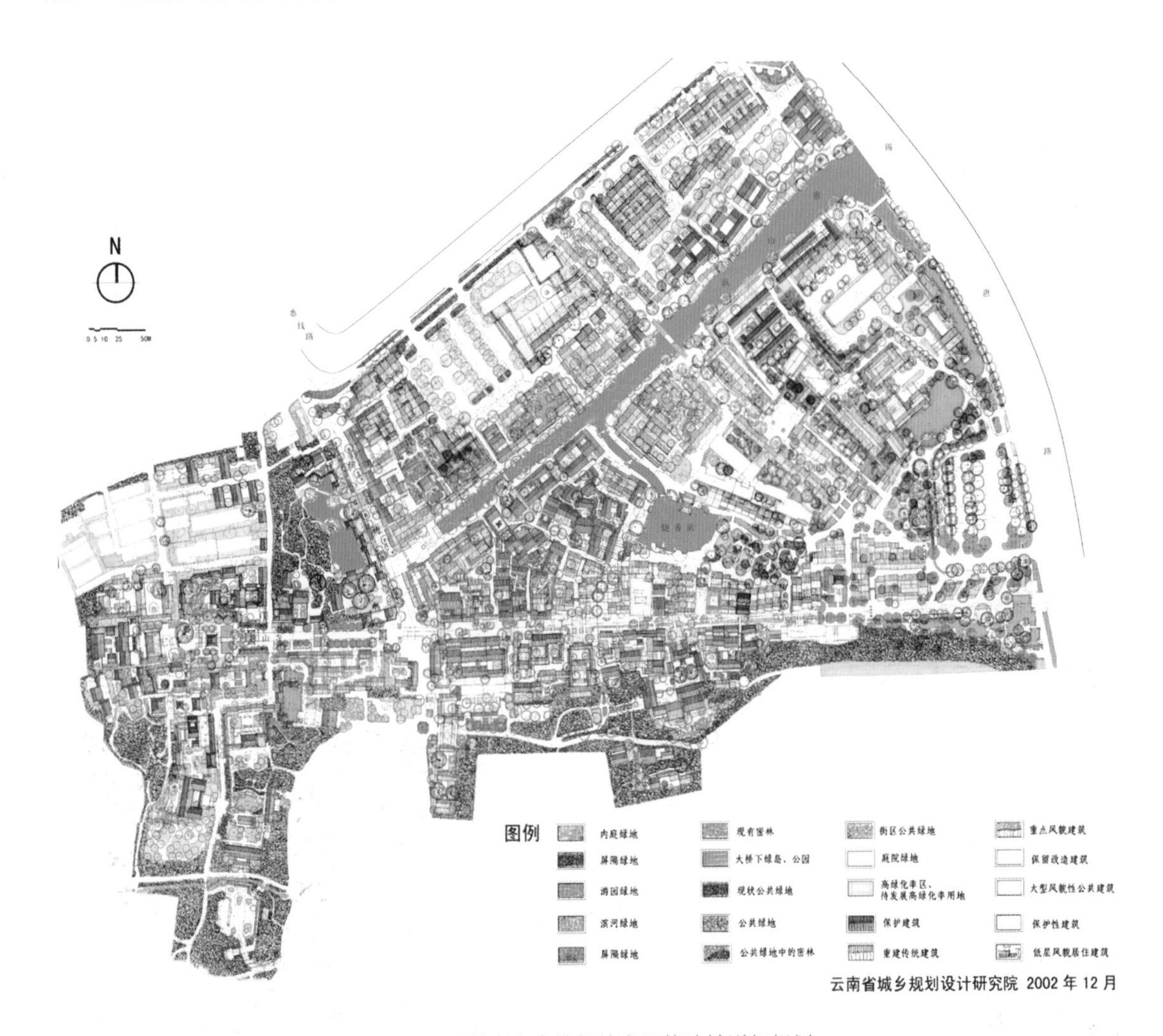

图4-7 无锡惠山古镇保护发展修建性详细规划

专版 人民日报（海外版）

保护世界共同遗产 传承人类历史文明

Huishan Ancestral Temples in Wuxi

无锡惠山祠堂建筑群

保护性质

研究华夏谱牒文化的基地

中国祠堂文化群落遗产整体保护区

The Research Base of the Chinese Pedigree Culture

The Culture Community Heritage Conservation Area of China's Ancestral Temple

研究祠堂中的特质文化

整体着眼 以保护求发展

无锡惠山祠堂群

图4-8　2004年6月30日，人民日报海外版刊登古镇办的三篇文章

界表明我们惠山古镇申遗决心的同时，阐明了惠山古镇的申遗价值（图4-8、图4-9）。

市委、市政府非常重视惠山祠堂群申报世界文化遗产工作，每年都将其列为无锡市城市建设发展重点工程，2006年，又将其列为“十一五”市文化重点工程。自2002年工作小组和古镇办成立以来，我带领工作小组及古镇办、祠堂文化研究会，按照世界遗产公约“完整性、原真性、唯一性”的申遗原则，具体做了几件对申遗起到关键作用的事。

图4-9　惠山古街图（金家翔画）

自2002年以来，按照世界遗产公约“完整性、原真性、唯一性”的申遗原则，具体做了几件对申遗起到关键作用的事：

一、全面完成了惠山古镇的规划以及策划方案，形成较为完整的规划体系；

二、调整城市干道锡惠路走向，确保惠山古镇核心区的完整性；

三、为确保遗产的原真性、唯一性，专门研究制定并出台古街区拆迁办法；

四、为做到修旧如旧，大量收购旧材料；

五、置换部队营房，搬迁旅游职中，修复重点祠堂，保持古镇核心区的完整性；

六、成立无锡祠堂文化研究会，开展惠山古镇历史文化的挖掘整理工作。

（1）全面完成了惠山古镇概念性规划、控制性详细规划、修建性详细规划三个层次的规划以及惠山古镇旅游策划方案，形成较为完整的规划体系，同时编制了惠山古镇历史文化街区保护规划，并通过了省建设厅、文

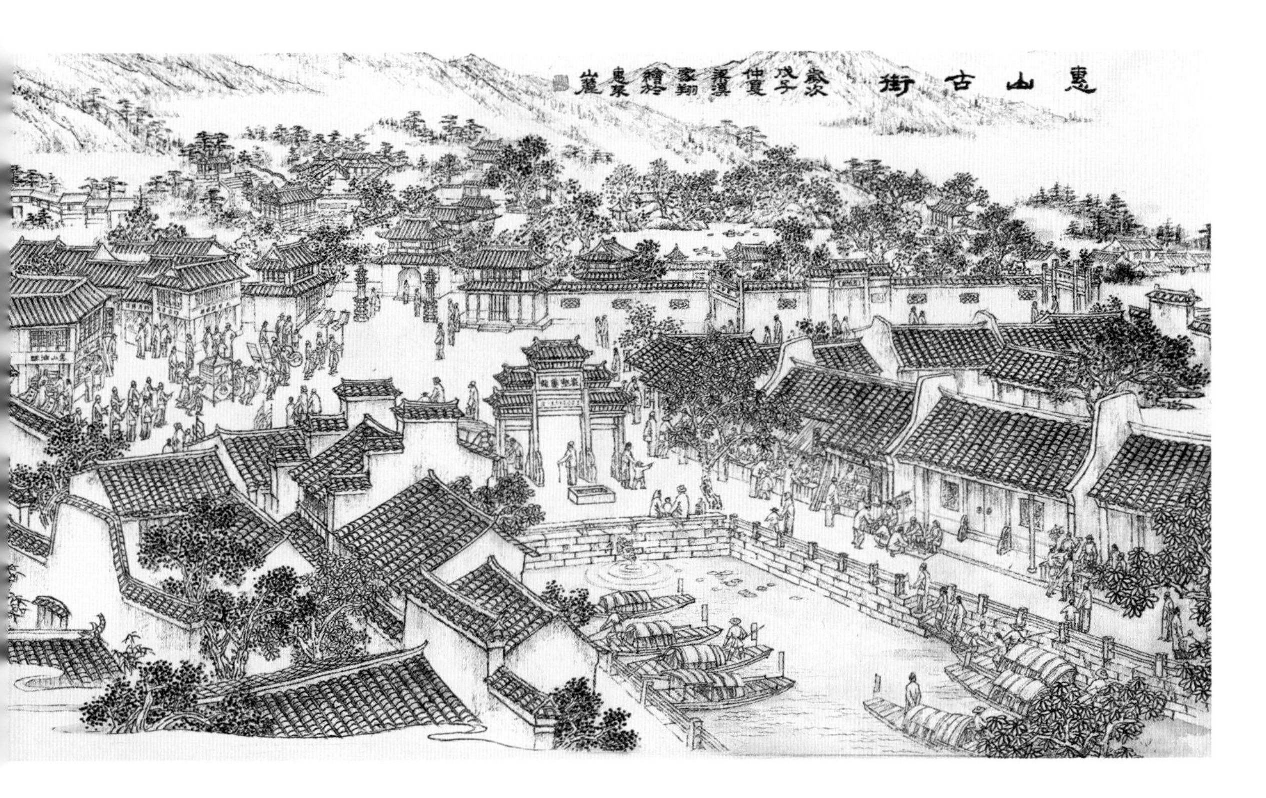

化厅的论证和市政府的审批；完成了惠山古镇建设立项、定点、拆迁政策研究等各项前期准备工作；实施了横街（秦园街）、直街（绣嶂街）、龙头河上下河塘两侧的修复，全面保护惠山祠堂文化和山水文化，形成了一条初步的参观线路。

我们从规划论证到核心区建设、重要节点的修复都力求完美，努力使保护工程经得起百姓、专家和历史的检验，为惠山古镇修复建设开好头、起好步，使原汁原味的惠山古镇核心区初具规模，2010年11月和2011年6月，先后获得了“国家传统建筑文化保护示范工程”和“国家文物保护最佳工程奖”等荣誉（图4-10）。

（2）调整城市干道锡惠路走向，确保惠山古镇核心区的完整性。按照城市总体规划，惠山古镇0.3平方千米核心区中有一条横穿核心区的城市干道锡惠路，把祠堂群分为两半。为了保持惠山古镇0.3平方千米核心保护区的完整性，我提出一定要调整锡惠路的走向，把原锡惠路向北外移至0.3平方千米核心保护区以外，确保0.3平方千米核心保护区成为一个整体。要修改调整总体规划确定的城市路网，一定要有充分的依据，绝非易事。我反复宣传完整性、原真性、唯一性对于惠山祠堂群申遗的重要意义，与相关部门进行技术上的探讨，提出对总体规划中确定的城市干道锡惠路进行改道的方案，即老锡惠路（现名宝善街）调整为步行街，新锡惠路向北移至核心区外侧。经过两年多不懈努力，得到业务主管部门的认可，最后市政府以锡政发[2005]108号文批准调整

图4-10 荣誉证书

图4-11 老锡惠路（现名宝善街）调整示意图

后的详细规划。现按调整方案实施到位的古华山路（规划中称新锡惠路），既保持了核心保护区的完整性，又改善了锡山大桥西堍的区域交通，方便了市民出行及游客到惠山古镇游览（图4-11）。

（3）为确保遗产的原真性、唯一性，专门研究制定并出台古街区拆迁办法。我们在调查中发现，在惠山古镇的居住户和单位占据的祠堂建筑或院落中有大量珍贵的文化遗存，而当时无锡的拆迁办法是拆迁公司把住户、单位迁走后，就把房子推倒拆掉，回收残值抵充拆迁人工费，即政府对拆迁公司支付人工劳务费的方式采用的是以料顶费。我深深地意识到惠山古镇内每一座祠堂、每一幢老建筑的价值。它们是申遗的载体，所以我决定要从源头上保护这些珍贵的载体。为此，在工作小组完成现状调查后，我们就会同市法制办、建设局、园林局等部门，成立了一个政策研究组，学习苏州等文物保护较

图4-12 修缮后的范文正公祠及古亭内的精美藻井

好地区的经验，经过两年多的努力，出台了古街区的拆迁办法（后此拆迁办法纳入无锡市古街区拆迁办法）。这个古街区拆迁办法规定，惠山古镇的拆迁，仅是搬迁单位和住户，不是拆迁建筑。拆迁公司只要按古镇办和拆迁公司签订的搬迁劳务合同，按只动迁、不拆房的搬迁原则，负责把住户、单位搬出去，不允许拆迁公司推倒旧房子回收残值，由政府专门划拨经费给拆迁公司支付人工劳务费。

当建筑内住户、单位搬出后，就由古建筑维修施工单位进场，按设计原汁原味修复这些老房子。许多被居民、单位埋在地下、藏在墙内、封在吊顶内有价值的东西，如周敦颐祠、顾可久祠、杨藕芳祠、范文正公祠、陆宣公祠等内部的大量院落、古井、古碑、石刻，包括皇帝的御碑、精美的藻井等，因为拆迁时没有通过推倒房子回收残值，而由专业维修人员负责修缮，致使这些宝贝得以幸存，成为如今申遗的重要历史见证，充分体现了遗产的原真性（图4-12）。

（4）为做到修旧如旧，大量收购旧材料。惠山古镇有一特点，就是大部分祠主不是无锡人、惠山人，他们却脱离自己的宗族、家族集聚到此，把祠堂建在惠山脚下，故惠山祠堂建筑群体现了各地方的建筑特色。为此，我们在对惠山古镇保护修复之前就定下了“古镇修旧如旧”、体现原有风貌的维修原则。21世纪之初，正值全国各地旧城改造、农村拆旧建新高潮，我要求古镇办借此机会，连续几年在全国各地，特别是江苏、浙江、安徽、福建等周边地区拆迁工地，有目的地收购了大量旧石料、旧的房屋构架材料。现在大家看到的修复后的惠山古镇绣嶂街、秦园街、上河塘、下河塘路面，整修后的寺塘泾（又称惠山浜）河道驳岸，恢复后的九峰翠嶂、惠麓钟灵等牌坊（图4-13），修缮的祠堂及许多古桥、古园、

1. 九峰翠嶂牌坊
2. 宝善坊
3. 东岳行庙牌坊
4. 龙图阁学士牌坊
5. 惠麓钟灵牌坊
6. 高山仰止牌坊
7. 秦孝贞女坊
8. 孝友传家坊

图4-13　利用旧材料修缮的牌坊

收购旧材料

利用旧材料修缮的绣嶂街街面及两侧祠堂

利用旧材料修缮的宝善桥及两侧祠堂

利用旧石修缮的河道驳岸

图4-14 利用收购的旧材料修缮的祠堂及道路、河道驳岸、桥梁

古井等，大都是用收购来的旧材料、旧石板、古牌坊、古井圈、古桥、旧门窗等修复建设而成，有别于仿古的新建筑（图4-14）。

此外，在修复工程中，我们还坚持最大限度地利用原建筑构件及基础。如把明代“千人报德坊”（又称人杰地灵坊）的巨大构件在原地挖了出来。“千人报德坊”是学生为明代无锡籍著名诗人、书画家邹迪光（1550—1626年）所立。邹迪光曾任工部主事、福建湖广按察使、提学副使等职，在任时选拔了一批栋梁之才，在他辞职还乡时，千余名学生前来送行，并集资在无锡惠山龙头河下建了一座“千人报德坊”，以作纪念。在对惠山古镇保护修复的规划过程中，专家、学者经研究发现，惠山古镇历史上先后共有28座牌坊，而“千人报德坊”被称为“惠山第一坊”。祠堂文化研究会通过台湾无锡同乡会获得摄于1920年的“千人报德坊”牌坊老照片。我们古镇办一方面委托设计部门依据老照片进行牌坊设计，另一方面继续访问“老惠山”。通过大量实地走访，获悉20世纪50年代初，鉴于牌坊石料风化严重，为了确保行人安全，当地居民委员会便

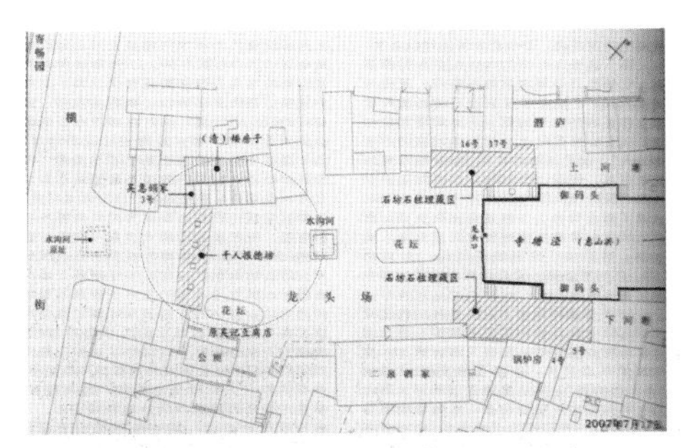

“千人报德坊”原址及石坊石柱埋藏区

寻访“老惠山”

原“千人报德坊”散落的物件在考古施工挖掘中

台湾无锡同乡会提供的1920年“千人报德坊”老照片

修复后的“千人报德坊”

图4-15 考古、寻访、修缮“千人报德坊”

组织一些好心人拆除牌坊。但因受当时资金、场地等条件的限制，仅靠当地居民用绳索等简陋工具拉倒牌坊，被拉倒的石料就近地埋，并未远运。我要求古镇办在市文管委的现场指导下，不用大型机械设备，由古建专业队伍用人工作业的方法对现场进行开挖。经过细致耐心的考古挖掘，在上下河塘两侧挖掘出原坊原构件14件，其中4根主石柱完好无损。在经历了长达五年的前期准备工作的基础上，2007年12月10日，市委、市政府在“千人报德坊”原址修复现场举行了惠山古镇历史街区保护性修复工程启动仪式。现在我们看到的修复后的三门四柱五楼式样、原汁原味的“千人报德坊”，就是在原位置、原基础，主要是用挖出来的牌坊原石材构件修复的，重现了古牌坊的风貌，保持了文物的原真性（图4-15）。

图4-16 修缮后的留耕草堂（杨四褒祠）

（5）置换部队营房，搬迁旅游职中，修复重点祠堂，保持古镇核心区的完整性。经调查发现，308部队营房占据了古镇上河塘的留耕草堂（图4-16）、紫阳书院和下河塘的杨藕芳祠、顾可久祠等核心区内的16座重点祠堂。旅游职中占用了惠山园、李公祠、赵宗白祠等3座祠堂，严重影响古镇修复的完整性。因此，308部队所占南卫营的营房必须整体置换，旅游职中（现称旅游职业技术学院）必须整体搬迁。2004年9月11日，我在308部队党委会议室主持召开308部队南院土地置换和搬迁安置补偿问题专题协调会议。本着“置换一点，完善一片”的原则，会议提出为有利于部队未来发展及整体布局规划的完整性，无锡市政府通过搬迁无线电五厂、协联针织有限公司、纸盒厂、巨龙塑化公司，搬迁沿惠钱路、通惠路的居民，将部队北院西北侧惠钱路、快速内环路内用地置换给部队，使部队原来零星分散的用地与北院大本营归并成完整的一块，有利其规划布局，且便于使用和管理，节约日常管理成本。为确保核心区内的16座祠堂得到全面修复，308部队顾全大局，让出南院（包括部队招待所以及惠山古镇范围内部队占用的全部建筑和用地）。此外，通过搬迁旅游职中至北塘黄巷广石路，使惠山园、李公祠等得以全面修复，旅游职中也得到更好的发展（图4-17）。

惠山园

李公祠

图4-17 修缮后的惠山园与李公祠

（6）开展惠山古镇历史文化的挖掘整理研究工作。惠山古镇蕴藏着丰富、厚重的文化，有历代名人的诗词书画碑刻藏品、古典山水园林的精华、忠孝节义的典范、壮士英烈的侠胆以及书院理学、茶道、花道、香道、庙会、惠山泥人、惠山油酥等多种惠山古镇独特的文化元素，需要深入挖掘、整理研究，为惠山古镇的修复建设及惠山祠堂群申报世界文化遗产提供依据。2004年8月3日，无锡市民政局[锡民管122号]批复成立无锡祠堂文化研究会，我担任会长。研究会的主要职能是：以挖掘研究祠堂文化，倡导传统人文美德，传承和谐道德风尚为主旨，为惠山祠堂群修复建设和申报世界文化遗产提供文化依据，为推动城市历史文化建设服务。我们以祠堂文化研究会为平台，积极配合古镇的保护修复工作，为充分展示惠山古镇的文化之魂、文化之根，做了大量的具体实在的研究、服务、参谋工作：

一是深入祠堂进行文化研究，为惠山祠堂修复和申遗提供依据（图4-18）。完成了《惠

图4-18 作者和顾奇伟院长研究祠堂文化

顾可久祠

王恩绶祠

图4-19 修缮后的顾可久祠与王恩绶祠

山祠堂群基本类型的分类研究》专题报告，成为惠山古镇申遗的核心内容，提供了2004年以来惠山古镇的申遗资料、文献20余册（份），还提交了50座祠堂基本情况的介绍文本。

二是以惠山祠堂保护建设为主题，组织召开专题研讨会，对惠山祠堂群保护建设和功能定位作深层次的探讨和研究。并通过经常深入到现场，及时发现问题、提出建议，力求使祠堂修旧如旧，保护历史原貌。例如在无锡非物质文化遗产馆（王恩绶祠）、诗塚文化景观、东岳庙、留耕草堂、杨藕芳祠、顾可久祠、范仲淹祠、陆宣公祠、徐氏祠堂等（图4-19）第一批重要祠堂的修复布展中，提供了大量文献资料，做到既尊重历史资料，又科学合理定位，正确引导祠堂的修复布展（图4-20～图4-22）。

图4-20 修缮后的虞微山祠

图4-21 修缮后的张中丞祠

图4-22 修缮后的杨藕芳祠

三是组织数百名资深会员，分别根据各自的专业特长，有针对性地开展对祠堂、谱牒以及姓氏文化的研究，深入挖掘和研究每座祠堂的文化内涵及祠堂与祠丁、祠丁与惠山泥人、祠堂与寺庙、惠山油酥与祠堂寺庙等的关系，提炼各座祠堂的个性和特色，充分发挥非物质文化遗产在惠山古镇中的活化作用（图4-23）。如李文扬撰写了130余万字的《惠山祠堂人物故事》，收集了138位与惠山祠堂有关的历史名人和地方先贤的故事，为申遗提供了重要的祠堂祭祀人物线索。

四是与上海辞书出版社合作，组织编辑出版祠堂保护建设的重点研究成果系列丛书。有《锡山秦氏寄畅园历史文献长编》《锡山旧闻》《无锡嵇氏传芳集》《〈启祯野乘〉与东林》，为惠山古镇祠堂文化保护，申报世界文化遗产提供基础文献资料（图4-24）。

五是注重收集流散在民间的有关文献资料，发掘和整理古籍，积累和丰富祠堂文化文献史料。如在惠山原居民大搬迁中发现的惠山祠堂祭祀的原始帖子（类似当今的活动通知书）；征集到高攀龙的诗文手稿印本、钱基博的《酬世文范》誊印本、钱锺书的《石语》手稿印本、云南腾冲李根源的《吴群西山访古记》等。加大对惠山古镇以及吴地文化有关资料信息的收集和整理，并复制了重要的文献资料100多种、300多册。

图4-23 祠堂文化研究会的老人们为惠山祠堂群修复和申遗提供依据

六是办好会刊《祠堂博览》（图4-25）。《祠堂博览》是国内地级市中唯一以祠堂文化研究为主题的特色刊物，办刊方针为："发挥刊物对祠堂文化研究和探索的主导作用，保护和抢救有关祠堂文化的文献资料；坚持刊物的特色，面向市内外专家约稿，及时刊登祠堂文化研究的新内容、新成果、新观点，成为国内祠堂文化研究领域的交流平台；坚持非营利原则，不做广告，注重祠堂文化学术性与公益性。"至今共出版60期，在社会上产生了良好影响，得到省内外同行的肯定和支持，相关机构和读者把它作为文献资料收藏，扩大了惠山祠堂群在国内外的影响力和知名度。

图4-24 祠堂文化研究会部分文献史料成果

图4-25 《祠堂博览》会刊

七是重视和加强分会工作，充分调动蕴藏在民间的研究力量，积极发挥祠堂文化研究会各分会作用。积极发展有条件的姓氏组建分会，多方位引导各分会开展研究和各项活动，现分会总数已达40余个。根据各分会的自身资源和特色，全面开展祠堂文化的研究和利用，普及和发挥祠堂的功能：祠堂是崇宗祭祖、联络宗亲的场所，是祠堂文化的重要载体。通过祭祀祖先、瞻仰祖先德能，发挥优秀家训（图4-26）、家规对族群成员的教育作用，保持族众群体的向心力和凝聚力，使族群成员社会生活有规则；通过在祠堂举办各种有益的文化活动，宣传和弘扬族群中的先进典型和良好的家风家规等正能量，激发族众继承先祖的忠孝和爱国精神，为宗族争光、为国家做贡献；祠堂从某种意义上说，是传统上的家庭道德法庭，是处理家庭内部事务、树优立榜、赏勤罚懒、化解纠纷、处理矛盾的地方，家法族规就是家族的法律，凡有违反族规，则在这里被教育和受到处罚，把族众的违规违法行为扼杀在初始阶段，使社会保持和谐稳定；祠堂的另一种重要功能是珍藏宗谱、纂修宗谱，宗

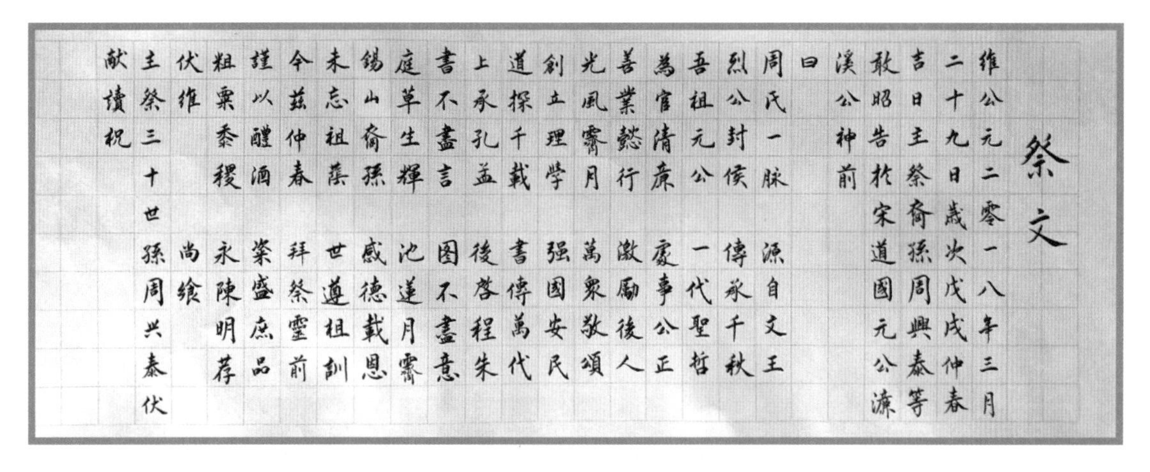

祭文

維公元二零一八年三月
二十九日歲次戊戌仲春
吉日主祭裔孫周興泰等
敢昭告於宋道國元公濂
溪公神前
曰
周氏一脉源自文王
烈公封侯傳承千秋
吾祖元公一代聖哲
為官清廉處事公正
善業懿行激勵後人
光風霽月萬衆敬頌
創立理学强國安民
道探千載書傳萬代
上承孔孟後啓程朱
書不盡言图不盡意
庭草生輝池蓮月霽
錫山裔孫感德載恩
未忘祖蕘世遵祖訓
今茲仲春拜祭靈前
謹以醴酒粢盛庶品
粗粟黍稷永陳明荐
伏維尚飨
主祭三十世孫周兴泰伏
献讀祝

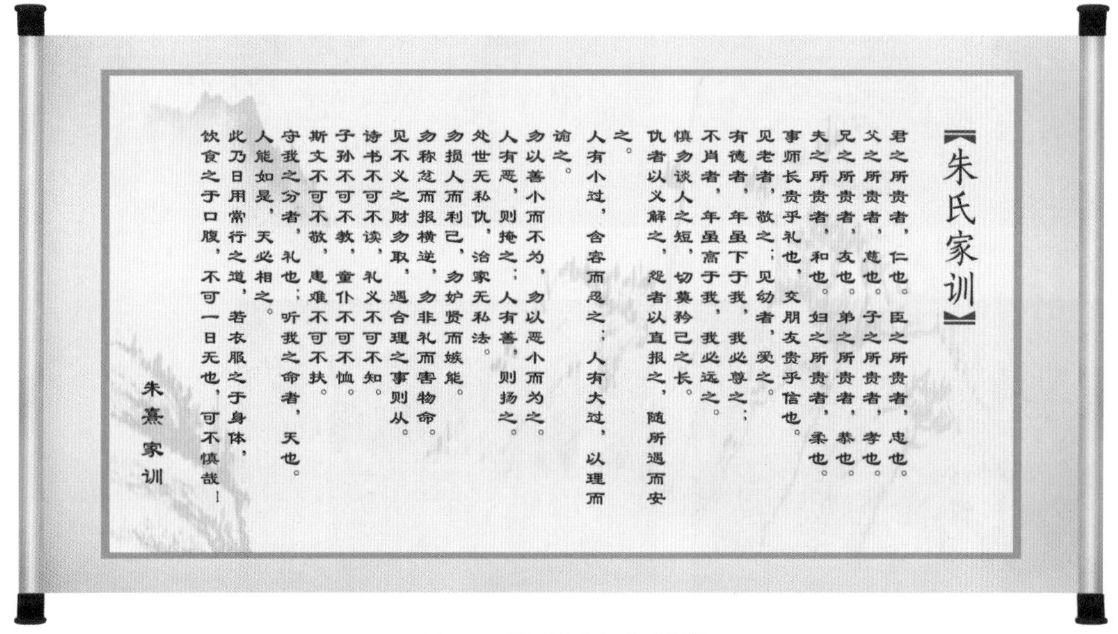

【朱氏家训】

君之所贵者，仁也。臣之所贵者，忠也。
父之所贵者，慈也。子之所贵者，孝也。
兄之所贵者，友也。弟之所贵者，恭也。
夫之所贵者，和也。妇之所贵者，柔也。
事师长贵乎礼也，交朋友贵乎信也。
见老者，敬之；见幼者，爱之。
有德者，年虽下于我，我必尊之；
不肖者，年虽高于我，我必远之。
慎勿谈人之短，切莫矜己之长。
仇者以义解之，怨者以直报之，随所遇而安之。
人有小过，含容而忍之；人有大过，以理而谕之。
勿以善小而不为，勿以恶小而为之。
人有恶，则掩之；人有善，则扬之。
处世无私仇，治家无私法。
勿损人而利己，勿妒贤而嫉能。
勿称忿而报横逆，勿非礼而害物命。
见不义之财勿取，遇合理之事则从。
诗书不可不读，礼义不可不知。
子孙不可不教，童仆不可不恤。
斯文不可不敬，患难不可不扶。
守我之分者，礼也；听我之命者，天也。
人能如是，天必相之。
此乃日用常行之道，若衣服之于身体，
饮食之于口腹，不可一日无也，可不慎哉！

朱熹家训

图4-26 周氏祭文与朱氏家训

谱将宗族的血缘亲疏、辈分、家规、家法等情况和谱系等记载下来，便于正本清源、寻根问祖，知道自己从何处来，要往何处去。通过普及宣传祠堂的功能，形成家和万事兴、百善孝为先的良好社会风尚，发挥家庭在和谐社会建设中的积极作用，提升祠堂对现实社会的积极意义，把惠山古镇建成爱国主义、廉政文化教育基地。正确引导各分会积极探索民办公助管理使用祠堂的途径，力求恢复祠堂文化的原始属性。各分会结合各自特点积极开展多项研究工作、族谊活动（如成人礼、婚礼）和清明、冬至祭祀活动（图4-27），为惠山祠堂群的保护建设寻求更多的史证，活化、丰富惠山古镇的文化。

过氏在过郡马祠举行成人礼活动

李氏在李忠定公祠祭祖

钱氏在钱王祠公祭时宣读家训

陆氏在陆宣公祠祭祖

周氏在光霁祠举行迁锡祖诞生八百周年纪念活动

倪氏在倪云林先生祠祭祖

邵氏后裔诵读家训

图4-27 宗氏在祠堂举行有特色的祭祀活动

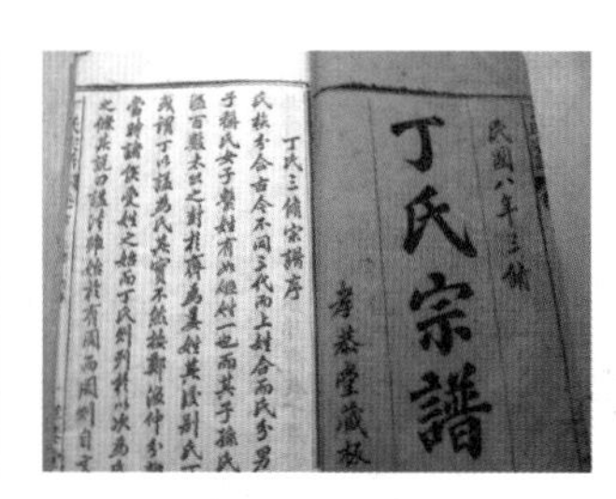

图4-28 祠堂研究会收集的部分宗谱

八是积极抢救保护谱牒，指导民间修谱续谱。积极做好谱牒的抢救和保护工作，不断收集、整理家谱中的文化信息资源，着力抓好修谱指导工作，使民间修谱走上教化宗亲、建设和谐社会的正确轨道。至今共收藏75个姓氏捐赠的各种家谱（宗谱）达300余部（图4-28）。

九是认真做好寻根问祖接待工作，积极收集祠堂文化信息。随着惠山祠堂群的逐步对外开放，观祠堂、寻祠堂、研究祠堂的游客及觅家谱、续世系、寻根问祖的造访者络绎不绝。研究会成立15年来，先后接待中国徽州学会考察团、河南炎黄姓氏历史文化基金会、福建省姓氏源流研究会、泰国华仲厚老先生、美国犹太州家谱学会研究员、上海史氏家族代表、常州虞氏、陆氏以及云南昆明的王氏、福建武夷山的刘氏宗亲等来访者2.6万人次（图4-29）。一批造访者主动提供了自己家族宗祠的文献资料，如邹氏先祖神祇、《锡山陆氏宗谱》古谱和元代画坛宗师黄公望高仿真《富春山居图》合璧山水长卷等。通过相互交流，研究会的信息资料不断增加。

图4-29 祠堂文化研究会与国内外宗亲交流互访

十是深入调查，为抢救保护惠山古镇的“老惠山”“老祠丁”“老字号店”，充分发挥“三老”的作用积极建言献策。老惠山和老祠丁是活的文化、活的词典，是惠山古镇保护修复的宝贵财富，我们通过上门采访，采集录像，留下大量珍贵的祠堂文化史实；老字号店是反映惠山特色的，是惠山古镇业态的主角。我们为了保护“三老”权益，建议政策向“三

图4-30 国家级非遗——惠山泥人传承人喻湘莲、王南仙

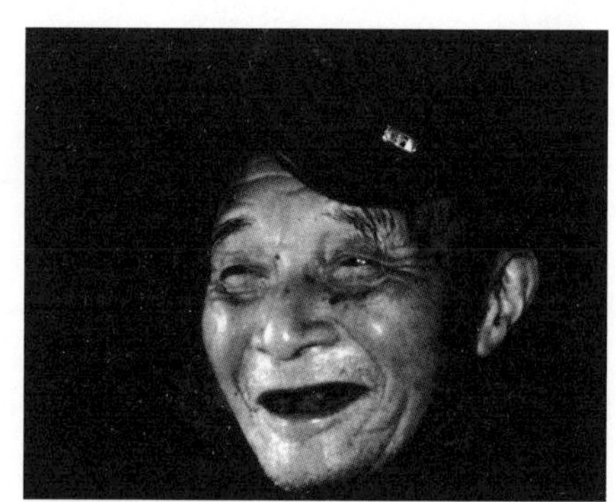

图4-32 老祠丁龚炳锡

图4-31 老字号店朱顺兴油酥店

图4-33 老惠山人

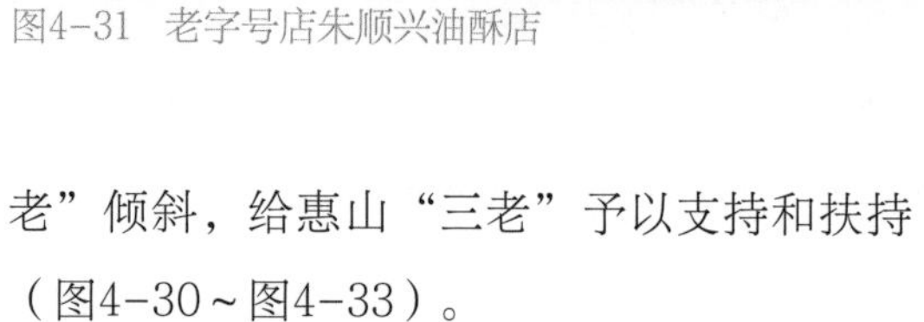

老”倾斜，给惠山“三老”予以支持和扶持（图4-30~图4-33）。

2008年10月，市政府召开惠山古镇文化街区保护性修复工程建设协调会议，将惠山古镇的保护建设责任主体变更为北塘区、园林局。新的责任主体聘请我担任惠山古镇保护建设总顾问，并继续兼任祠堂文化研究会会长，帮助新的责任主体开展工作（图4-34）。

在2008年以后的几年中，北塘区及园林局在工作小组和古镇办前期工作的基础上，继续沿着申报世界文化遗产的目标积极推进保护修复工作的进行。

图4-34　作者和新的责任主体一起研究惠山祠堂群保护性修复和申遗工作

继2004年28届世界遗产大会上惠山祠堂群参加“世界遗产展”活动后，2012年11月，中国世界遗产会议在北京召开。惠山祠堂群文化景观以“世界四大文明古国唯一延续的民族与文化”的别称入选，成为全国45个申报世界人类文化遗产预备项目之一（图4—35）。

图4-35　无锡惠山祠堂群入选“中国世界文化遗产预备名单”

2013年，市政府又决定将惠山古镇的保护建设责任主体变更为无锡市文化旅游集团公司，继续推进惠山古镇的保护建设和惠山祠堂群的申遗工作。

回首过去走过的17年，全市上下对惠山祠堂群申遗的认识越来越统一。大家都为了申报世界文化遗产这一共同的目标，承前启后，齐心协力，克服困难，努力工作。作为当时提出惠山祠堂群申遗的原经手人之一，我看到了惠山祠堂群申遗的曙光（图4-36）。

申遗的道路是漫长的、艰辛的。我坚信，只要始终坚持申遗标准，保护惠山古镇的山水肌理，强化惠山祠堂群的个性特点，继续加强对祠堂文化的研究和挖掘，提炼祠堂群的突出价值，发挥宗祠谱牒文化的作用，同时继续做好祠堂修复和业态布局，正确处理好保护和利用的关系，真正把惠山古镇建设成无锡的露天博物馆，申遗工作的前景一定是美好的！

图4-36　保护修缮后的惠山古镇

倪云林先生祠

瞻前顾后 谨小慎微 保护好惠山祠堂群的独特价值

——2011 年顾奇伟院长谈无锡惠山古镇祠堂群保护规划（摘录）

◎ **顾奇伟 · 云南省城乡规划设计院院长**

图4-37 顾奇伟院长谈无锡惠山古镇祠堂群保护规划

2002年以来，拙与昆明、无锡的一批学界朋友、教授、规划师、建筑师、园林师、研究生等从测绘开始至今部分保护工程已完成，部分按新发掘的历史资料调整完善设计（图4-37）。

保护规划是特殊的规划，什么是特殊领域的创造性呢？依吾之见，设计乃是瞻前顾后求索，谨小慎微落笔，不露创作痕迹的创作。

一、价值决定一切

我们从整体到局部据实认定价值，按此决定规划的定向和一切举措。因此，必须谨小慎微。祠堂群的价值还在其为今人、后人所“用”。祠堂蕴含的“尊贤、敬祖”正是社会和谐发展所维系的人文精神。因而，古镇祠堂保护不仅是让人观赏，更是让人感受体验；不是三跪九叩或说教宣传，而是感同身受、净化心灵。因而，规划建设的具体目标不止于“打造建筑精品”，而是全力以赴保护好遗存的同时，使之成为公众文化活动场所。

二、何谓整体保护

价值独特的祠堂群遗存当然应是保护的重点，然而，在规划设计中我们还是将文化生态的保护作为重中之重。保护文化生态之所以成为重中之重，不仅在其重要，更在其最容易受到破坏和难以修复。古镇核心烧香浜历史上是通往京杭大运河的集散港汊，它在水运交通为主的古时水乡，相当于古镇机体的心脏。20世纪90年代在烧香浜建起了标准不低的多层住宅群，成为矗立古镇中的庞然大物。对此若从空间环境保护出发，尚有可能全部降低层数后部分保留；从建筑风貌的保护角度，也可作出处理。但斟酌再三，决定从文化生态保护出发，全部拆除后恢复水体及码头。就此举措，其决策之难、实施之难，远超过祠堂建筑群的维修保护。实际上保护文化生态，一定程度上已成为规划设计的主要工作量。因此，缺失了文化生态就谈不上祠堂群保护。

三、保“壳”重于保“核”

惠山古镇祠堂群一侧紧贴30米宽的城市交通干道，一组祠堂群被干道切割直裸于穿梭往来的大流量机动车道旁。呼啸而过的车辆已将古镇祠堂群切割致残。对此，时任市政府副秘书长的孙志亮先生提出城市干道改道的设想。权衡利弊之后，规划决定将干道外移近200米，形成祠堂群与干道间的保护层，并进一步将保护层列入核心保护区，成为古镇祠堂群文化生态的有机组成。保护着眼于保“核”，而着力点应是保“壳”。保“壳”成为保护中的重中之重。今改道工程已完成，达到了保护与改善交通的双重效益。

四、保“真”与保“存”

古镇直街是惠山寺空间延伸的祠堂街，原宽3米左右。新中国成立后拓成15米宽的城市道路，原沿街的祠堂前沿门楼和第一造均已拆后再建或成为“半楼”。

（1）改城市道路为步行街、宽窄6、7米不等，街中心完全按民国时期的街道形制铺设旧石板面，以存老街的历史信息并满足消防及市政管网埋设。

（2）按族谱中的祠堂图，经《祠堂博览》整理，发表在各期的封面上，作为复建祠堂门楼、照壁、院落等第一造建筑参考依据，以延续保存建筑的部分历史信息。对此类复建的建筑固然已不具有原真的历史价值，然而，建筑作为文化的载体，还是具有承载祠堂文化和建筑群体原貌的价值，也是为了保存部分历史信息所采取的必要保护措施。

五、显现、托出、发挥文化价值

惠山寺山门前现状为一高墙，屏隔了城市道路口对寺院山门的干扰，但却使珍贵的唐、宋石经幢沦为贴在墙后的装饰物。保护规划面对这“原真”的历史现实，坚决恢复寺前空间，将墙“移”至直街口，形成山门、唐宋经幢为主体的寺前空间，强化了寺院气息，显现了宗教文化价值。华孝子祠前四面牌坊形态优美、细部精巧，属无锡仅存不多的传统建筑精品，并保存良好，可惜坊前小池上后建游廊，使空间极为逼仄，难窥牌坊全貌。规划拆廊扩池恢复坊前空间，保护托出了其价值。保护不是保留，而是尽力显现、托出和发挥其价值。

六、保护品质

惠山古镇原是民众进香朝拜、寻根访祖、郊游踏青之地，严格有别于大量的江南古镇以居住聚落、商贸集市和水陆码头为主的古镇属性。因而环境修复应保护其历史环境的品质，求其平和清新质朴，力戒华丽费靡。一些接待功能的建筑力求平民气息，避免出现豪门大院。量大而多样的祠堂园林本是惠山祠堂文化的特色，修复祠园，确定园品、园质，无疑是保护的重中之重。除了严格定位和选用具备祭祀文化属性的植物材料，是成败的关键外，祠园必须符合祠堂尊贤敬祖的祭祀仪式功能，避免一味追求文人、商贾和官宦园林的贵族化。更应将贴近祠堂祀主的特质、个性作为园品。类此等都不是强调祀主的社会地位，而是力求靠向祀主的品格个性。保护品质，就是力求保护历史文化的核心价值。

七、求实的保护规划和设计

规划设计延续至今的十年，是发掘考证研究的十年。依赖无锡祠堂文化研究会成果的十年。本项规划设计，其实是有胆识的领导、专家型的指挥、务实的文化人、得理不让的学者、埋头苦觅的研究人员和执着文化事业的志愿者共同努力而不留痕迹的成果。与他们共事，也是享受。一部分保护工程基本完成，初见的成效让人基本满意而不满足，因而乐此不疲。

让世界记住无锡 惠山祠堂群申遗任重道远

——2014年陈同滨教授在无锡梁溪大讲堂第十讲上谈“申遗”（摘录）

◎ **陈同滨·中国建筑设计研究院总规划师、历史研究所所长**

图4-38 陈同滨教授在无锡梁溪大讲堂第十讲上谈“申遗”

世界遗产的完整体系有10条标准，第7~10条是针对自然遗产的，这些标准中只需要符合一条，就可以认为是合格的。其中第三条：能为传衍至今的或已消逝的文明或文化传统，提供独特的或至少是特殊的见证和关联的；第六条：与具有突出的普遍意义的事件、活传统、观点、信仰、艺术作品或文学作品有直接或实质的联系。无锡惠山祠堂群基本上属满足这个世界遗产价值标准的第三条，即见证历史的价值作为它潜在的遗产价值，还有第六条，比如祭祖的“活的传统”。但是见证什么历史价值、如何见证才是根本任务所在。所以，申遗工作目前主要面临两大挑战：一是它的价值特征，甚至包括遗产类型定位，都是需要一番研究、推敲和斟酌的；第二个就是它在保存上的真实性、完整性。

“世界遗产”的最大意义是让世界记住这座城市。“申遗”最需要有一个故事，惠山祠堂群有没有既能打动世界，又具有突出普遍价值的故事？惠山祠堂群申遗，首先是OUV的认定，就是突出的普世价值是什么？这是确定文本故事的前提，而遗产区的真实性、完整性最重要。

祠堂群的业态定位很重要，必须与其文化属性相匹配，否则将直接影响申遗的成败。祠堂群是以祭祖为特色，表现一个族群的生活方式。因此，祠堂群搞什么业态，一定要心中有谱，不合适的业态必须进行调整（图4-38）。

编后记

1980年7月，我高中毕业参加全国高考，取得400.5分（其中基本分387.5，附加分13分）的成绩。当年无锡的大学录取分数线是364分，由于各种主客观原因，我未被大学录取。本人情绪处于极度低沉之中，正在重新整理书本，准备来年继续应考时，我的高中班主任秦志豪老师——一个下肢残疾并患有严重疾病的恩师，冒着滂沱大雨，骑着手摇车，寻找到我家，真诚劝我“无锡城市建设正急需人才，无锡职业大学（1983年7月更名为无锡大学，1985年7月更名为江南大学，1996年4月，改名为江南学院，2001年1月江南学院、无锡轻工大学、无锡教育学院三校合并组建江南大学）正计划办班，在今年高考分数300分以上未被大学录取的落榜生中招收15名城市规划专业学生。古人云‘福中有祸，祸中有福’，你在无锡本地读书，虽是大专，但可免去今后毕业分配流落他乡的烦恼，劝你还是在无锡读书，天生我才必有用。”在秦志豪老师的良言相劝下，我接受了他的建议，以当年无锡市超过大学录取分数线而未被大学录取的落榜生中的最高分被无锡职业大学城市规划专业录取，从此开启了我一生的命运，走上了城市规划建设之路。

1983年7月大学毕业，我被分配到市建设局规划处工作，遇上了伯乐般的顾培成、郁建、徐武等领导，他们积极启用年轻人，让我用整整7年时间负责组织对无锡市总体规划确定的7个分区的现状调查并担任6个分区规划编制的项目负责人。在同事们和市各部门、县区、乡镇村、街道居委干部群众的全力支持配合下，我走遍了无锡的大街小巷、林间田头、大小单位，较为具体、细致地掌握了大量实时、实状的地形地貌和空间布局情况，充实地累积起无锡“活地图”知识，据此为无锡城市规划提供了一份准确的现状图及规划工作图，为自己今后工作的顺利开展打下了坚实的基础。

从1990年5月至今，我先后在市建委、规划局、市政府、市工商联、市政协工作。我从设计岗位转入建设和管理岗位，又得到沈青松、杨志毅、吴惠良、胡振栋、任颐、沈建、毛保家、刘洪兴、陈锡明、任培燕等一大批领导和同事们的大力帮助和支持，更是得到了历任书记、市长、分管副市长的充分信任和放心大胆使用，使自己过去所学到和积累的知识得以在不同的岗位上有用武之地，特别是能在城市建设大发展时期为市委、市政府科学决策发挥参谋和助手作用。

1995年到2001年的7年中，无锡市先后三次进行行政区划调整，为城市规划、建设、管理创造了更好的条件，为新世纪山水城市建设拓展了空间；区划调整后修编的总体规划为21世纪初山水城市的规划建设提供了科学依据；《“爱我无锡 美化家园”行动纲要》（2002—2004年无锡市城市建设实施计划）揭开了无锡山水城市建设的序幕。作为一名山水城市建设的参与者，我为正处于青壮年时期的自己赶上了城市大建设的好时代，并参与其中而感到无比欣慰。

说实话，蠡湖新城的建设仅整治了蠡湖水、安置好了农民、构建了新城良好的生态环境基础和道路框架，新城地块开发尚未全面启动；惠山古镇保护建设仅修复了部分祠堂的建筑外形，祠堂文化的研究和挖掘才刚刚开始；惠山青龙山保护建设仅仅治了“三乱”，初步完成了沿湖沿山的环境整治及生态修复建设；无锡山水城市建设大幕才刚刚拉开，展望无锡从建设山水城市到宜居城市再到旅游休闲城市；从白天好看到晚上还有山水韵味（能留住游客）；从市民满意、游客认同到中国乃至世界级山水城市的品牌构筑及推广，好戏还在后头。

要真正实现钱学森倡导的、吴良镛教授描绘的无锡市山水城市建设模式，还需要运用整体性、系统性、连续性原则，始终坚持把城市和山林、河湖、农田湿地及文化等统筹布局、整体规划建设，通过无锡一代又一代人的努力才能逐步实现。

我特别敬佩家乡前辈的超前意识，他们默默无闻地为山水城市建设打下了良好基础，为我们今天的建设做了很多影响深远、意义重大的伏笔（准备工作）。很难想象，如果1983年国家没有划定太湖国家风景名胜区的锡惠、蠡湖、梅梁湖、马山等景区的核心保护区和风貌协调区界线，历任地方政府又没有按景区规划控制建设（特别是大建设时代），也许我们今天就没有或缺少空间来规划建设真正有特色的山水城市；如果20世纪80年代市委、市政府不号召组织全民上山义务植树，锡山、惠山仍是秃山，也许我们今天就没有如此绿色美丽的山水城市背景底色，可能就会缺乏我们今天建设山水城市的底气和信心；如果20世纪50年代当时政府不规划控制并持续二十多年开挖新的京杭大运河，80年代初政府不规划建设并控制新运河两侧150米宽的绿化带，也许无锡运河的格局和古运河的保护又是另一番景象；如果当初城市总体规划没有划定清名桥、惠山古镇、小娄巷、荣巷古镇四大历史文化街区，并切实加以保护利用，也许我们今天很难看到山水城市的历史延续；如果世纪之交市委、市政府不积极争取上级支持，撤销“华夏第一县”（无锡县，后改为锡山市）设区，整合“神州第一郊”（郊区），组建滨湖区，也许山水城市的空间格局就很难舒展……

面向未来人居家园的构建，如何有效保护自然馈赠的山水宝藏，如何发展和建设这座山水名城，使无锡的山水资源得到更加科学的可持续利用，使福祉无锡百姓的事业得以天长地久？山水之魂，意蕴相传——这将是我们永恒的话题。

世上想做事、能做事的人很多，但真正有机会集中数年，连续做几件有意义事的人并不多。非常荣幸我赶上了好时代，遇到了好老师、好领导、好同事，有机会亲身参与无锡山水城市的建设实践。感恩好时代、好老师、好领导、好同事！

每当想起当年周末无休、节假日无概念，把饭店、旅馆当家的时光，当父母长时间见不到我，就常对代我去探望双亲的爱人说：“我这个儿子是白养的。”到家后，爱人只能无奈地对我说：“你就住在工地上吧，不要回家了。”儿子上大学每逢放假回来，当几天都见不到我时，就对邻居说：“蠡湖才是我爸爸真正的儿子。”如今，我带大孙子豆豆漫步蠡湖，每次走到渤公岛时，他就会用小手指着蠡湖展示馆说：“这是我爷爷的根据地！”小孙子苗苗望着哥哥一路欢笑，此时的我百感交集，感觉过去一切的付出都是值得的！

在本书的出版工作中，得到许敏、陈平、程娅等同志及缔业全景、知和文化、测绘院、城建档案馆等单位的大力支持，在此表示由衷的感谢！

山水城市是一首写不完的诗，现在我们才刚刚起步，更多的篇章还有待后人去思索和不断书写。

孙志亮

2019年10月于无锡思齐斋

山水城市
是一首写不完的诗
更多的篇章
还有待后人去思索和不断书写